本書根據廣東省立中山圖書館藏清同治九年（1870）
羊城西湖街富文齋刊本影印

西樵歷史文化文獻叢書

桑園圍總志（一）

（清）明之綱
（清）盧維球 纂修

广西师范大学出版社
GUANGXI NORMAL UNIVERSITY PRESS
·桂林·

圖書在版編目（CIP）數據

桑園圍總志：全 4 册 /（清）明之綱，盧維球纂修.
桂林：廣西師範大學出版社，2014.12
（西樵歷史文化文獻叢書）
ISBN 978-7-5495-6022-6

Ⅰ. ①桑… Ⅱ. ①明…②盧… Ⅲ. ①珠江三角洲－堤防－水利史 Ⅳ. ①TV882.4

中國版本圖書館 CIP 數據核字（2014）第 281017 號

廣西師範大學出版社出版發行
（廣西桂林市中華路 22 號　郵政編碼：541001
網址：http://www.bbtpress.com）
出版人：何林夏
全國新華書店經銷
廣西大華印刷有限公司印刷
(廣西南寧市高新區科園大道 62 號　郵政編碼：530007)
開本：890 mm × 1 240 mm　1/32
印張：46.125　　　字數：400 千字
2014 年 12 月第 1 版　　2014 年 12 月第 1 次印刷
定價：168.00 元（全四册）

《西樵歷史文化文獻叢書》編輯委員會

叢書總序

温春來　梁耀斌

呈現在讀者面前的，是一套圍繞佛山市南海區西樵鎮編修的叢書。爲一個鎮編一套叢書並不出奇，但爲一個鎮編撰一套多達兩三百種圖書的叢書可能就比較罕見了。編者的想法其實挺簡單，就是要全面整理西樵鎮的歷史文化資源，探索一條發掘地方歷史文化資源的有效途徑。最後編成一套規模巨大的叢書，僅僅因爲非如此不足以呈現西樵鎮深厚而複雜的文化底蘊。叢書編者秉持現代學術理念，並非好大喜功之輩。僅僅爲確定叢書框架與大致書目，編委會就組織七八人，研讀各個版本之西樵方志，通過各種途徑檢索全國各大公藏機構之古籍書目，並多次深入西樵鎮各村開展田野調查，總計歷時六月餘之久。隨着調研的深入，編委會益發感覺到面對着的是一片浩瀚無涯的知識與思想的海洋，於是經過反復討論、磋商，決定根據西樵的實際情況，編修一套有品位、有深度、能在當代樹立典範並能夠傳諸後世的大型叢書。

天下之西樵

明嘉靖初年，浙江著名學者方豪在《西樵書院記》中感慨：『西樵者，天下之西樵，非嶺南之西樵也。」① 此話係因當時著名理學家、一代名臣方獻夫而發，有其特定的語境，但卻在無意之間精當地揭示了西樵在整個中華文明與中國歷史進程中的意義。

西樵鎮位於珠江三角洲腹地的佛山市南海區西南部，北距省城廣州 40 多公里，以境内之西樵山而得名。西樵山由第三紀古火山噴發而成，山峰石色絢爛如錦。相傳廣州人前往東南羅浮山采樵，謂之東樵，往西面錦石山采樵，謂之西樵，『南粵名山數二樵』之説長期流傳，在廣西俗語中也有『桂林家家曉，廣東數二樵』之句。珠江三角洲平野數百里，西樵山拔地而起於西江、北江之間，面積約 14 平方公里，中央主峰大科峰海拔 340 餘米。據説過去大科峰上有觀日臺，雞鳴登臨可觀日出，夜間可看到羊城燈火。如今登上大科峰，一覽山下魚塘河涌縱橫，闤闠閭閻錯落相間，西、北兩江左右爲帶。

西樵山幽深秀麗，是廣東著名風景區。然而更值得我們注意的，是以她爲核心的一塊僅有 100 多平方公里的土地，在中國歷史的長時段中，不斷産生出具有標志性意義的文化財富以及能夠成爲某個時代標籤的歷史人物。珠江三角洲是一個發育於海灣内的複合三角洲，其發育包括圍田平原和沙田平原的先後形成過程。西樵山見證了這一過程，並且在這一片廣闊區域的文明起源與演變的歷史中扮演着重要角色。作爲多次噴發後熄滅的古火山丘，組成西樵山山體的岩石種類多樣，其中有華南地區並不多見的霏細岩與燧石，這兩種岩石因石質堅硬等原因，成爲古人類製作石器的理想材料。大約 6000 年前，當今天的珠江三角洲還是洲潭遍佈、一片汪洋的時候，這一片地域的史前人類，就不約而同地彙集到優質石料蘊藏豐富的西樵山，尋找製造生産工具的原料，留下了大量打製、磨製的雙肩石器和大批有人工打擊痕跡的石片。在著名考古學家賈蘭坡

① 方豪：《棠陵文集》（收入《四庫全書存目叢書》集部第 64 冊），卷 3，《記・西樵書院記》。

先生看來，當時的西樵山是我國南方最大規模的採石場和新石器製造基地，北方只有山西鵝毛口能與之比肩，因此把它們並列爲中國新石器時代南北兩大石器製造場①，並率先提出了考古學意義上的『西樵山文化』②。以霏細岩雙肩石器爲代表的西樵山石器製造品在珠三角的廣泛分佈，意味着該地區『出現了社會分工與產品交换』③，這些凝聚着人類早期智慧的工具，指引了嶺南農業文明時代的到來，所以有學者將西樵山形象地比喻爲『珠江文明的燈塔』④。除珠江三角洲外，以霏細岩爲原料的西樵山雙肩石器，還廣泛發現於粤西、廣西及東南亞半島的新石器至青銅時期遺址，顯示出瀕臨大海的西樵古遺址，不但是新石器時代南中國文明的一個象徵，而且其影響與意義還可以放到東南亞文明的範圍中去理解。

不過，文字所載的西樵歷史並没有考古文化那麽久遠。儘管在當地人的歷史記憶中，南越王趙佗陪同漢朝使臣陸賈游山、唐末曹松推廣種茶、南漢開國皇帝之兄劉隱宴遊是很重要的事件，但在留存於世的文獻系統中，西樵作爲重要的書寫對象出現要晚至明代中葉，這與珠江三角洲在經濟、文化上的崛起是一脈相承的。當時，著名理學家湛若水、霍韜以及西樵人方獻夫等在西樵山分别建立了書院，長期在此讀書、講學，他們的許多思想産生或闡釋於西樵的山水之間，例如湛若水在西樵設教，門人記其所言，是爲《樵語》。方獻夫在《西樵遺稿》中談到了他與湛、霍二人在西樵切磋學問的情景：『三（書）院鼎峙，予三人常來往，講學其間，藏修十餘年。』⑤王陽明對三人的論學非常期許，希望他們珍惜機會，時時相聚，爲後世儒林留下千古佳

① 賈蘭坡、尤玉柱：《山西懷仁鵝毛口石器製造場遺址》，《考古學報》1973年第2期。
② 賈蘭坡：《廣東地區古人類學及考古學研究的未來希望》，《理論與實踐》1960年第3期。
③ 楊式挺：《試論西樵山文化》，《考古學報》1985年第1期。
④ 曾騏：《珠江文明的燈塔——南海西樵山考古遺址》，中山大學出版社，1995年，第30—42頁。
⑤ 方獻夫：《西樵遺稿》，康熙三十五年（1696）方林鶴重刊本，卷6，《石泉書院記》。

話，他致信湛若水時稱：『叔賢（即方獻夫）志節遠出流俗，渭先（即霍韜）雖未久處，一見知爲忠信之士，乃聞不時一相見，何耶？英賢之生，何幸同時共地，又可虛度光陰，容易失卻此大機會，是使後人而復惜後人也！』① 西樵山與作爲明代思想與學術主流的理學之關係，意味着她已成爲一座具有全國性意義的人文名山，這正是方豪『天下之西樵』的涵義。清人劉子秀亦云：『當湛子講席，五方問業雲集，山中大科之名，幾與嶽麓、白鹿鼎峙，故西樵遂稱道學之山。』② 方豪同時還稱：『西樵者，非天下之西樵，天下後世之西樵也。』一語道出了人文西樵所具有的長久生命力。這一點方豪也没有説錯，除上述幾位理學家外，從明中葉迄今，還有衆多知名學者與文章大家，諸如陳白沙、李孔修、龐嵩、何維柏、戚繼光、郭棐、葉春及、李待問、屈大均、袁枚、李調元、温汝適、朱次琦、康有爲、丘逢甲、郭沫若、董必武、秦牧、賀敬之、趙樸初等等，留下了吟詠西樵山的詩、文，今天我們走進西樵山，還可發現 140 多處摩崖石刻，主要分佈在翠岩、九龍岩、金鼠塱、白雲洞等處。與西樵成爲嶺南人文的景觀象徵相應的是山志編修。嘉靖年間，湛若水弟子周學心編纂了最早的《西樵山志》，萬曆年間，霍韜從孫霍尚守以周氏《樵志》『誇誕失實』之故而再修《西樵山志》，清初羅國器又加以重修，這三部方志已佚失，我們今天能看到的是乾隆初年西樵人士馬符録留下的志書。除山志外，直接以西樵山爲主題的書籍尚有成書於清乾隆年間的《西樵遊覽記》、道光年間的《西樵白雲洞志》、光緒年間的《紀遊西樵山記》等。

晚清以降，西樵山及其周邊地區（主要是今天西樵鎮範圍）産生了一批在思想、藝術、實業、學術、武術

---

① 王陽明：《王文成全書》，四庫本，卷 4，《文録・書一・答甘泉二》。
② 劉子秀：《西樵遊覽記》，道光十三年（1833）補刊本，卷 2，《圖説》。

等方面走在中國最前沿的人物，成爲中國走向近代的一個縮影。維新變法領袖康有爲、一代武術宗師黃飛鴻、民族工業先驅陳啟沅、『中國近代工程之父』詹天佑、清末出洋考察五大臣之一的戴鴻慈、『嶺南第一才女』冼玉清、粵劇大師任劍輝等西樵鄉賢，都成爲具有標志性或象徵性的歷史人物。

事實上，明代諸理學家講學時期的西樵山，已非與世隔絕的修身之地，而是與整個珠江三角洲的開發聯繫在一起的。西樵鎮地處西、北江航道流經地域，是典型的嶺南水鄉，境内河網交錯，河涌多達19條，總長度120多公里，將鎮内各村聯成一片，並可外達佛山、廣州等地。① 傳統時期，西樵的許多墟市，正是在這些水邊興起的。今鎮政府所在地官山，在正德、嘉靖年間已發展成爲觀（官）山市，是爲西樵有據可查的第一個墟市。據統計，明清時期，全境共有墟市78個。② 西樵山上的石材、茶葉可通過水路和墟市，滿足遠近各方的需求。一直到晚清之前，茶業在西樵都堪稱舉足輕重，清人稱『樵茶甲南海，山民以茶爲業，鬻茶而舉火者萬家』③。當年山上主要的採石地點，後由於地下水浸漫而放棄的石燕岩洞，因生產遺跡完整且水陸結合而受到考古學界重視，成爲繼原始石器製造場之後的又一重大考古遺址。

水網縱橫的環境使得珠江三角洲堤圍遍佈，西樵山剛好地處橫跨南海、順德兩地的著名大型堤圍——桑園圍中，而且是桑園圍形成的地理基礎之一。歷史時期，西、北江的沙泥沿着西樵山和龍江山、錦屏山等海灣中島嶼或丘陵臺地旁邊逐漸沉積下來。宋代珠江三角洲沖積加快，人們開始零零星星地修築一些『秋欄基』

① 《南海市西樵山旅遊度假區志》，廣東人民出版社，2009年，第188—192頁。
② 《南海市西樵山旅遊度假區志》，第393頁。
③ 劉子秀：《西樵遊覽記》，卷10，《名賢》。

以阻擋潮水對田地的浸泛，這就是桑園圍修築的起因。① 明清時期在桑園圍内發展起了著名的果基、桑基魚塘，使這裡成爲珠江三角洲最爲繁庶之地。不難想象僅僅在幾十年前，西樵山還是被簇擁在一望無涯的桑林魚塘間的景象。如今桑林雖已大都變爲菜地、道路和樓房，但從西樵山山南路下山，走到半山腰放眼望去，尚可看見數萬畝連片的魚塘，這片魚塘現已被評爲聯合國教科文組織保護單位，是珠三角地區面積最大、保護最好、最爲完整的（桑基）魚塘之一。

桑基魚塘在明清時期達於鼎盛，成爲珠三角經濟崛起的一個重要標志，與此相伴生的，是另一個重要産業——繅絲與紡織的興盛。聯繫到這段歷史，由西樵人陳啟沅在自己的家鄉來建立中國第一家近代機器繅絲廠就在情理之中了。開廠之初，陳啟沅招聘的工人，大都來自今西樵鎮的簡村與吉水村一帶，而陳啟沅本人，也深深介入到了西樵的地方事務之中。② 從這個層面上看，把西樵視爲近代民族工業的起源地或許並非溢美之辭。但傳統繅絲的從業者數量仍然龐大，據光緒年間南海知縣徐賡陛的描述，當時西樵一帶以紡織爲業的機工有三四萬人。③ 作爲産生了黄飛鴻這樣深具符號性意義的南拳名家的西樵，武術風氣濃厚，機工們大都習武，並且圍繞錦綸堂組織起來，形成了令官府感到威脅的力量。民國初年，西樵民樂村的程姓村民，對原來只能織單一平紋紗的織機進行改革，運用起綜的小提花和人力扯花方法，發明了馬鞍絲織提花絞綜，首創具有扭眼通花團的新品種——香雲紗，開創莨紗綢類絲織先河。香雲紗輕薄柔軟而富有身骨，深受廣州、上海、南京等地富人喜歡，在歐洲也被視爲珍品。上世紀二三十年代是香雲紗發展的黄金時期，如民樂林村

① 曾少卓：《桑園圍自然背景的變化》，中國水利學會等編《桑園圍暨珠江三角洲水利史討論會論文集》，廣東科技出版社，1992年，第51頁。

② 陳天傑、陳秋桐：《廣東第一間蒸汽繅絲廠繼昌隆及其創辦人陳啟沅》，載《中華文史資料文庫》第12卷《經濟工商編》，中國文史出版社，1996年，第784—787頁。

③ 徐賡陛：《辦理學堂鄉情形第二稟》，載《皇朝經世文續編》，近代中國史料叢刊本，卷83，《兵政・剿匪下》。

程家一族600人，除1人務農之外，均以織紗爲業。① 隨着化纖織物的興起，香雲紗因工藝繁複、生産週期長等原因失去了競争力，但作爲重要的非物質文化遺産受到保護。西樵不僅在中國近代紡織史上地位顯赫，而且其影響一直延續至今。1998年，中國第一家紡織工程技術研發中心在西樵建成。2002年12月，中國紡織工業協會授予西樵『中國面料名鎮』稱號。② 2004年，西樵成爲全國首個紡織産業升級示範區，國家級紡織檢測研發機構相繼進駐，紡織産業創新平臺不斷完善。③ 據不完全統計，西樵整個紡織行業每年開發的新産品有上萬個。④

除上文提及的武術、香雲紗工藝外，更多的西樵非物質文化遺産是各種信仰與儀式。西樵信仰日衆多，其中較著名者有觀音開庫、觀音誕、大仙誕、北帝誕、師傅誕、婆娘誕、土地誕、龍母誕等。據統計，全鎮共擁有105處民間信仰場所，其中除去建築時間不詳者，可以明確斷代的，建於宋代的有3所，即百西村六祖廟、西邊三帝廟、牌樓周爺廟；建於元明間的有1所，即河溪北帝廟；建於明代的有2所，分別是百西村北帝祖廟和百西村洪聖廟；建於清代的廟宇有28所；其餘要麼是建於民國，要麼是改革開放後重建，真正的新建信仰場所寥寥無幾。⑤ 除神廟外，西樵的每個自然村落中都分佈着數量不等的祠堂，相較於西樵山上的那些理

① 《南海市西樵山旅遊度假區志》，第323頁。

② 《南海市西樵山旅遊度假區志》，第303—304頁。

③ 《西樵紡織行業加快自主創新能力》，見中國紡織工業協會主辦、中國紡織信息中心承辦之『中國紡織工業信息網』，http://news.ctei.gov.cn/zxzx—lmxx/12495.htm。

④ 《開發創新走向國際　西樵紡織企業年開發新品上萬個》，見中國紡織工業協會主辦、中國紡織信息中心承辦之『中國紡織工業信息網』，http://news.ctei.gov.cn/zxzx—lmxx/12496.htm。

⑤ 梁耀斌：《廣東省佛山市西樵鎮民間信仰的現狀與管理研究》，中山大學2011年碩士學位論文。

學聖地，神靈與祖先無疑更貼近普通百姓的生活。西樵的一些神靈信仰日，如觀音誕、大仙誕，影響遠及珠江三角洲許多地區乃至香港，每年都吸引數十萬人前來朝聖。

傳統文化的基礎工程

上文對西樵的一些初步勾勒，揭示了嶺南歷史與文化的幾個重要面相。進而言之，從整個中華文明與中國歷史進程的角度去看，西樵在不同時期所產生的文化財富與歷史人物，或者具有全國性意義，或者可以放在中華文明統一性與多元化的辯證中去理解，正所謂『西樵者，天下之西樵，非嶺南之西樵也』。不吝人力與物力，將博大精深的西樵文化遺產全面發掘、整理並呈現出來，是當代西樵各界人士以及有志於推動嶺南地方文化建設的學者們的共同責任。這決定了《西樵歷史文化文獻叢書》不是一個簡單的跟風行爲，也不是一個隨便的權宜之計。叢書是展現給世界看的，也是展現給未來看的，我們力圖把這片浩瀚無涯的知識寶庫呈現於世人之前，我們更希望，過了很多年之後，西樵的子孫們，仍然能夠爲這套叢書而感到驕傲，所有對嶺南歷史與文化感興趣的人們，能夠感激這套叢書爲他們做了非常重要的資料積纍。根據這一指導思想，經過反復討論，編委會確定了叢書的基本内容與收録原則，其詳可參見叢書之『編撰凡例』，在此僅作如下補充説明。

叢書尚在方案論證階段，許多知情者就已半開玩笑半認真地名之爲『西樵版四庫全書』，這個有趣的概括非常切合我們對叢書品位的追求，且頗具宣傳效應，是對我們的一種理解和鼓舞。但較之四庫全書編修的時代，當代人對文化與學術的理解顯然更具多元性與平民情懷，那個時代有資格列入『四庫』的，主要是知識精英們創造的文字資料，我們固然會以窮搜極討的態度，不遺餘力地搜集這類資料，但我們同樣重視尋常百姓書寫的文獻，諸如家譜、契約、書信等等，它們現在大都散存於民間，保存狀況非常糟糕，如果不及時搜集，就會逐漸毀損消亡。

能夠體現叢書編者的現代意識的，還有邀請相關領域的專業人士以遵循學術規範爲前提，通過深入田野調查撰寫的描述物質文化遺產、非物質文化遺產的作品。這兩部分内容加上各種歷史文獻，構成了完整的地方傳統文化資源。目前不管是學術界還是地方政府，均尚未有意識地根據這三大類别，對某個地域的傳統文化展開全面系統的發掘、整理與出版工作。在這個意義上，《西樵歷史文化文獻叢書》無疑具有較大開拓性、前瞻性與示範性。叢書編者進而提出了『傳統文化的基礎工程』這一概念，意即拋棄任何功利性的想法，扎扎實實地將地方傳統文化全面發掘並呈現出來，形成能夠促進學術積累並能夠傳諸後世的資料寶庫，在真正體現出一個地方的文化深度與品位的同時，爲相關的文化産業開發提供堅實基礎。希望《西樵歷史文化文獻叢書》的推出，在這個方面能産生積極影響。

高校與地方政府合作的成果

西樵人文底藴深厚，這是叢書能夠編撰的基礎；西樵鎮地處繁華的珠江三角洲，則使得叢書編撰有了充足的物質保障。然而，這樣浩大的文化工程能夠實施，光憑天時、地利是不夠的，一群志同道合的有心者所表現出來的『人和』也是非常關鍵的因素。

2009年底，西樵鎮黨委和政府就有了整理、出版西樵文獻的想法，次年1月，鎮黨委書記邀請了中山大學歷史學系幾位教授專程到西樵討論此事。通過幾天的考察與交流，幾位鎮領導與中大學者一致認定，以現代學術理念爲指導，爲了全面呈現西樵文化，必須將文獻作者的範圍從精英層面擴展到普通百姓，並且應將物質文化遺産與非物質文化遺産的内容也包括進來，形成一套《西樵歷史文化文獻叢書》。爲了慎重起見，決定由中大歷史學系幾位教授組織力量進行先期調研，確定叢書編撰的可行性與規模。經過6個多月的努力，調研組將成果提交給西樵鎮黨委，由相關領導與學者坐下來反復討論、修改、再討論……，並廣泛徵求西樵地方文化人士的意見，與他們進行座談。歷時兩個多月，逐漸擬定了叢書的編撰凡例與大致書目，並彙報給南海區委、區政府與中山大學校方，得到了高度重視與支持。2010年9月底，簽定了合作協議，組成了《西樵歷史文化文獻叢書》編輯委員會，決定由西樵鎮政府出資並負責協調與聯絡，由中山大學相關學者牽頭，組織研究力量具體實施叢書的編撰工作。

值得一提的是，《西樵歷史文化文獻叢書》是近年來中山大學與南海區政府廣泛合作的重要成果之一，並爲雙方更深入地進行文化領域的合作打下了堅實基礎。2011年6月，中山大學與南海區政府決定在西樵山共建『中山大學嶺南文化研究院』，康有爲當年讀書的三湖書院，經重修後將作爲研究院的辦公場所與教學、研究基地。嶺南文化研究院秉持高水準、國際化、開放式的發展定位，將集科學研究、教學、學術交流、服務地方爲一體，力爭建設成爲在國際上有較大影響的嶺南文化研究中心、資料信息中心、學術交流中心、人才培養基地。研究院的成立，是對西樵作爲嶺南文化精粹所在及其在中華文明史中的地位的肯定，編撰《西樵歷史文化文獻叢書》也順理成章地成爲研究院目前最重要的工作之一。

在已超越溫飽階段，人民普遍有更高層次追求，同時市場意識又已深入人心的中國當代社會，傳統文化迎來了新一輪的復興態勢。這對地方政府與學術界都是新的機遇，同時也産生了值得思考的問題：如何在直接的經濟利益與謹嚴求真的文化研究之間尋求平衡？我們是追求短期的物質收穫還是長期的區域形象？當各地都在弘揚自己的文化之際，如何將本地的文化建設得具有更大的氣魄和胸襟？《西樵歷史文化文獻叢書》或許可以視爲對這些見仁見智問題的一種回答。

叢書編撰凡例

一、本叢書的『西樵』指的是以今廣東省佛山市南海區西樵鎮爲核心、以文獻形成時的西樵地域概念爲範圍的區域，如今日之丹灶、九江、吉利、龍津、沙頭等地，均根據歷史情況具體處理。

二、本叢書旨在全面發掘並弘揚西樵歷史文化，其基本内容分爲三大類别：（1）歷史文獻（如志乘、家乘、鄉賢寓賢之論著、金石、檔案、民間文書以及紀念鄉賢寓賢之著述等）；（2）非物質文化遺產（如口述史、傳説、民謡與民諺、民俗與民間信仰、生產技藝等）；（3）自然與物質文化遺產（如地貌、景觀、遺址、建築等）。擴展内容分爲兩大類别：（1）有關西樵文化的研究論著；（2）有關西樵的通俗讀物。出版時，分别以《西樵歷史文化文獻叢書·歷史文獻系列》、《西樵歷史文化文獻叢書·非物質文化遺產系列》、《西樵歷史文化文獻叢書·自然與物質文化遺產系列》、《西樵歷史文化文獻叢書·研究論著系列》、《西樵歷史文化文獻叢書·通俗讀物系列》命名。

三、本叢書收録之歷史文獻，其作者應已有蓋棺定論（即於2010年1月1日之前謝世）；如作者爲鄉賢，則其出生地應屬於當時的西樵區域；如作者爲寓賢，則作者曾生活於當時的西樵區域内。

四、鄉賢著述，不論其内容是否直接涉及西樵，但凡該著作具有文化文獻價值，可代表西樵人之文化成就，即收録之；寓賢著述，但凡作者因在西樵活動而有相當知名度且在中國文化史上有一席之地，則其著述内容無論是否與西樵有關，亦收録之；非鄉賢及寓賢之著述，凡較多涉及當時的西樵區域之歷史、文化、景觀者，亦予收録。

五、本叢書所收録紀念鄉賢之論著，遵行本凡例第三條所定之蓋棺定論原則及第一條所定之地域限定，且叢書編者只搜集留存於世的相關紀念文字，不爲鄉賢新撰回憶與懷念文章。

六、本叢書收録之志乘，除此次編修叢書時新編之外，均編修於 1949 年之前。

七、本叢書收録之家乘，均編修於 1949 年之前，如係新中國成立後的新修譜，可視情況選擇譜序予以結集出版。地域上，以 2010 年 1 月 1 日之西樵行政區域爲重點，如歷史上屬於西樵地區的百姓願將族譜收入本叢書，亦從其願。

八、本叢書收録之金石、檔案和民間文書，均産生於 1949 年之前，且其存在地點或作者屬於當時之西樵區域。

九、本叢書整理收録之西樵非物質文化遺産，地域上以 2010 年 1 月 1 日之西樵行政區域爲準，内容包括傳説、民謡、民諺、民俗、信仰、儀式、生産技藝及各行業各戰綫代表人物的口述史等，由專業人員在系統、深入的田野工作基礎上，遵循相關學術規範撰述而成。

十、本叢書整理收録之西樵自然與物質文化遺産，地域上以 2010 年 1 月 1 日之西樵行政區域爲準，由專業人員在深入考察的基礎上，遵循相關學術規範撰述而成。

十一、本叢書之研究论著系列，主要收録研究西樵的專著與單篇論文，以及國内外知名大學的相關博士、碩士論文，由叢書編輯委員會邀請相關專家及高校合作收集整理或撰寫而成。

十二、本叢書組織相關人士，就西樵文化撰寫切合實際且具有較强可讀性和宣傳力度的作品，形成本叢書之通俗讀物系列。

十三、本叢書視文獻性質採取不同編輯方法。原文獻係綫裝古籍或契約者，影印出版，並視情況添加評介、題注、附録等；如係碑刻，採用拓片或照片加文字等方式，並添加説明；如爲民國及之後印行的文獻，或影印出版，或重新録入排版，並視情況補充相關資料；新編書籍採用簡體横排方式。

十四、本叢書撰有《西樵歷史文化文獻叢書書目提要》一冊。

總目

評　介

陳海立

一　《桑園圍總志》編撰的背景

桑園圍是地跨廣州府南海縣、順德縣的大型堤圍水利工程。該工程的主體結構是依托西樵山體的吉贊橫基、東基、西基以及下游聯繫順德龍山、龍江、甘竹等山崗的基圍。在廣州的文獻中，圍常常與『基』、『圩』通用，均是指在開發低窪的土地或者淤積的水面的過程中，保護土地、防範水患的一類堤圍水利。除桑園圍外，還有許多大大小小的基圍遍布於南海、順德等縣，例如南海的羅格圍、大栅圍等等。明代嘉靖時期的文獻就指出『平田用塘陂，高用堰壩，壋低用圩』的水利工程方法，其中『廣州東北多平阜，西南多圩澤，故番禺、東莞、增城之田資於陂，而常丰、南海謂圩岸曰基圍，基圍崩潰則野有餓殍』①。

廣州西南部基圍的普遍，與珠江三角洲地貌的變遷，以及數千年來的人類活動是息息相關的。從遠古到唐宋時期，珠江三角洲並非如今日一般大片地成陸，而是珠江河口的一片遼闊的海灣。珠江河口星羅棋布許多島嶼，便是如今珠江三角洲各處的丘陵山崗。由於江水帶來的泥沙的淤積（同時有海潮運動留下的泥

① 嘉靖《廣州志》卷十五《溝洫》。

沙)以及先民圍海(江)造田的活動,珠江三角洲逐步成陸,於兩宋開始大面積地擴張,至明清時期達到高潮,基本形成今日珠江三角洲的輪廓。在此過程中,堤圍水利工程是先民開發珠江河口最重要的手段。桑園圍又恰恰是珠江三角洲地區歷史較爲悠久(相傳筑於北宋時期)、規模最大的堤圍水利工程。

根據基圍的規模及其管理制度,可以把基圍的建築分爲三個階段。第一個階段是利用圍基墾殖沙田。此階段常常由資本雄厚的個人或團體承擔,先於水流較緩之處沉石成基,名曰底基,用以加速泥沙的淤積,底基堅固之後,仍要反復沉石加固。等到退潮能見坦形之時,便運帶草的硬泥,在底基上建立數道堤圍,名曰硬泥基。反復積累硬泥之後,形成水坦,便開始種蘆荻等植物,形成草坦。之後才開始作物的種植。此階段往往歷時數十年,並且時常面臨基圍崩塌、草坦覆滅的風險。① 按照規定,開發沙田之前要向官府升科納税,取得開發的合法權,但實際上執行的程度存在差異,甚至常常是沙田已經開發完畢方才納税。

第二個階段,在沙田的基礎上連綴長堤,官府直接對基圍丈尺進行管理。此時『有數村合築,有各自爲築,有增舊築而高厚之者,有附他圍基而成者,有專護田隴者,有但衛村舍者,有村舍田隴并防者』。② 在此階段,官府會丈量基圍的長度,掌握基圍内的應税田産數,並逐步用官方的力量確立各地對堤圍的責任。建造較大規模的堤圍需要政府批准,儘管官府一般不提供經濟支持,但至少在名義上實現了對堤圍的控制,并責成圍内業户及時修築的義務。

① (清)龍延槐:《與瑚中丞言粤東沙坦屯田利弊書》,載《敬學軒文集》卷一,第1—3頁。
② 咸豐《順德縣志》卷五《建置略·筑堤》。

第三個階段，在確立圍内業户責任的前提下，官方直接對整個基圍的修建提供經濟和政治支持。這種現象並不普遍。即便在全國範圍内，也少有由官府提供持續的財政撥款來支持水利工程的現象，惟有浙江的海塘能够獲此『殊榮』。在當地士紳的努力和總督、巡撫、布政司等衙門的支持下，桑園圍於嘉慶年間獲得了中央朝廷許可的歲修款。桑園圍從而在珠三角的衆多基圍中脱穎而出，成爲最受關注且最爲重要的基圍。一系列的《桑園圍志》恰恰是這個階段的産物。

《桑園圍志》的編修始於乾隆五十九年（1794），該年遇到了巨大的水災，桑園圍決口二十餘處。『乾隆甲寅圍決，温負坡少司馬倡議籌款闔圍通修，不分畛域，工程最巨，圍志爰是創始。』① 温負坡少司馬即順德龍山人温汝适，官至翰林院編修，其時在家鄉居。温汝适等人倡議全圍通修，實則讓原來與桑園圍没有直接關係的沙頭、龍江、龍山、甘竹四堡與直接負責堤圍的十堡共同承擔修圍的義務。此舉很快遭到龍江、甘竹等堡的反對，所以必須利用温汝适等人與各級衙門的關係，由官府出面予以支持。在這樣的背景下，桑園圍總局應運而生，坐落於桑園圍最爲險要且頻繁罹災的海州堡李村鄉，負責管理十四堡所籌得款項及規劃、監修桑園圍水利工程。桑園圍總局的成員由當地的士紳擔任，他們不止要負責歷次通修工程的規劃、統籌和管理，還必須把擬定的章程、工程的進展、經費的花銷隨時向地方官府報告，並於完工後實施致謝官府、刻碑、修廟等等禮儀性的程序。自從乾隆五十九年開始，每逢全圍通修之後，桑園圍總局的士紳們便會着手整理修圍

①（清）明之綱：《桑園圍總志序》，載《桑園圍總志》，同治九年刻本。

過程中局内運作的文獻、各階段向官府的報告及官府提供的文書以及最後立碑等紀念性的文字，統合成一部《桑園圍志》。由此積累而來的志書有《甲寅通修志》、《丁丑續修志》、《己卯歲修志》、《庚辰捐修志》、《癸巳歲修志》、《甲辰歲修志》、《己酉歲修志》、《癸丑歲修志》、《丁卯歲修志》九種，此書是以上九種志書的彙編，故曰『桑園圍總志』。

鑒於《桑園圍志》一般及時成於修圍者之手，爲研究清代水利的狀況、地方社會的管理、水利機構的變遷以及地方官府的運作提供了豐富的原始文獻，所以在研究社會史、水利史、制度史方面具有極高的史料價值。該志受到了中國、美國、日本、英國學界的廣泛關注，例如日本學者森田明、片山剛均采用桑園圍志來探討華南地區水利管理制度與地方社會經濟開發的狀況。

但是，對於桑園圍總局的士紳來説，編修系列圍志並非僅僅爲當時人及後世提供史料，同時也賦予圍志『法典』的意義，確立地方社會經管水利的秩序。桑園圍地跨南順二縣，『儼然一小邑』，内部的區域間利益關係極端複雜，撥款的使用、攤派的範圍等等，皆是久訟不已的問題。編修圍志，便是以前人辦事的規範，作爲後世辦事的準繩，來平衡各方的利益訴求。例如《桑園圍總志》卷十《甲辰歲修志》的凡例里便有一條，『癸巳圍志於圖説門，已將各堡經管基段丈尺詳載，而此次潘卓全等仍復以捏造新志，改易基段爲言，希圖卸管，故於書内仍立基段一門，詳載此案，使後人無從翻異焉』。此條可明歷代修志者皆能清晰意識到圍志的内容就是『無從翻異』的公案，强調圍志在維持地方水利興修中的約束效力，而潘卓全等欲卸管，就必須指責當事者『捏造新志』，來爲自己的行爲尋求合法性。晚清民国時期桑園圍地區許多與水利相關的訴訟，均要援引圍志的條文作爲論據，以圍志確立的秩序爲自身的利益辯護。因此，《桑園圍總志》也應被視爲表達地方社會秩序的水利慣例的集成，在當時社會運作中具有實際的功效。

二 《桑園圍總志》的編撰過程及體例特徵

《桑園圍總志》十四卷，明之綱、盧維球等編撰。該志是同治九年羊城西湖街富文齋刻本，該刻本的依據是『河神廟公所藏板』。『河神廟公所』，即是桑園圍總局的别稱，歷次圍志的圖版，便存於河神廟。總志的編者明之綱是桑園圍總局的局董，宣統《南海縣志》載他的傳記，兹節引如下：

> 明之綱，字禹書，號立峰，九江堡人，離照子也。性伉爽，貌魁梧。道光十九年己亥，中廣西鄉試舉人。咸豐二年壬子，成進士，以知縣即用，分發直隸。未到省，丁外艱，以母盧年老，遂絶意仕進，而鄉閭利害，興除必力任焉。癸丑西潦大漲，桑園圍榆岸幾決，搶救者以逾丈長樁拄之。樁屢拔，工人束手，紳民俱散。之綱多方設策，露立風雨中督促之，竭三晝夜堵築，隄復完固。前後聯呈請發歲修官帑息銀六次。自道光甲辰以來六十餘年，圍隄未嘗潰決，之綱脩築之力爲多。①

① 宣統《南海縣志》卷十四《列傳》，載《廣東歷代方志集成》，據宣統三年羊城留香齋刻本影印，第349頁。

另一位編者盧維球，也是圍内重要的紳士：

盧維球，字惠屏，號夔石，沙涌鄉人。幼聰穎，讀書過目不忘。弱冠力學，負時譽。道光乙未，以邑試第一，補縣學生。咸豐壬子，以優行貢成均廷試，以訓導用。同治四年，順德馬應楷築楊滘壩，有碍水道，桑園圍實受其害。維球聯圍紳呈准毀拆，闔圍賴焉。丁卯重脩邑志，維球總理局務。辦沙頭團練局二十餘年，息爭排難，鄉人重之。性儉樸，取與必嚴。戚鄰中有年老無告者，維球家雖貧，撫養必力任之。著有《愛謏草堂集》二卷，《忠孝神誥》一卷，年七十有四。①

明之綱等修總志，緣於同治六年（1867）、同治八年（1869）兩次領桑園圍歲修款進行修築的契機。自從咸豐四年（1854）廣東洪兵民亂以來，清政府專門爲桑園圍設置的歲修款移作别用，桑園圍全圍每年的維護自然終止。到同治初年，歲修款才逐漸恢復，至六、八年，由明之綱領導的桑園圍總局請出歲款，方才恢復起堤圍的修繕工程。修繕完畢，按照之前的慣例需要修圍志，然而之前的圍志『遽遭兵燹，志板遂燬』②，於是『諸君子恐舊版無存，圍志堙没，謀再付劂』。至此，就有把之前的圍志整合成總志的需要。

明之綱隨之把編志的工作交給了盧維球，『適盧明經夔石勷理邑志局務，且圍例曉暢，爰請其手校編

① 宣統《南海縣志》卷十九《列傳・文學》，載《廣東歷代方志集成》，據宣統三年羊城留香齋刻本影印，第417頁。
② （清）明之綱：《桑園圍總志序》，載《桑園圍總志》，同治九年刻本。

定，卷首特標列總目，庶易於查覽焉』。盧維球編志未列凡例，但根據明之綱的《桑園圍總志序》，可知部分編撰的原則。

第一，『以甲寅志板最豁，目各志之大小參差者，悉照甲寅志式翻刻』。現今存世的《總志》的板框大小及內部印刷格式，均以《甲寅通修志》爲標準。第二，『重者删之』，主要是後來之志收録了之前志書的文字，儘量删削。《桑園圍癸巳歲修志》中涉及甲寅志、丁丑志的奏稿，編者均以重出删去，并雙行夾注説明；第三，『缺者增之』，此原則又分爲兩種情形。一種是在原有志書基礎上，增補一些内容，例如在《桑園圍甲辰歲修志》中添入《粤東省例》關於歲修款項的文字，其意圖不在於使原志更加完備，而是便於明之綱等在恢復呈請歲修款時有例可援。此種情形比較罕見，一般編者會注釋提示。另一種情形是最後兩志《癸丑歲修志》、《丁卯歲修志》的撰修。《丁卯歲修志》是記録明之綱於同治六年至八年的修圍活動，總志於同治九年編完，可以説恰當其時。《癸丑歲修志》記録咸豐三年歲修的事情，但當時堤圍工程剛完成就遭遇兵燹，只能由十幾年后盧維球來編定補充。第四，『編定總目』，『易於便覽』，即重新編總的目録和各志的目録，對原來的卷次做出一些調整。

總志没有整齊劃一的體例，而是尊重九種志書本來的面目。九種志書的體例，大體可以分爲兩類。一類是簡單地把修圍過程中産生的文書依據作者身份地位之高低，産生時間之先後，以及文書的重要性依次排列，典型性代表爲《桑園圍己卯歲修志》；另外一類是把文書進行分門别類，依照『奏稿』、『圖説』、『沿革』等門類進行編撰，只有《桑園圍癸巳歲修志》、《桑園圍甲辰歲修志》屬於此類，爲後出之光緒志、民國志所效仿。對於依類目編撰的志書而言，内容已經不限於當次修築所産生的文書，而是涵蓋自桑園圍修築以來的諸多重要文書，總志編者依照『重者删之』的原則予以處理，且命名爲『歲修志』，在一定程度上改變了志書的原貌。

鑒於總志是在九種志書的基礎上編撰而成，各種志書體例各異，産生的背景不盡相同，史料價值也頗有參差，下文擬對九種志書一一分析。

三 《桑園圍甲寅通修志》

《桑園圍甲寅通修志》二卷，是桑園圍修志的創始。之所以謂『通修』，是基於乾隆甲寅年圍決，温汝适等實行了『闔圍通修，不分畛域』的舉措。道光十五年刊刻的《南海縣志》著録了該書：『《桑園圍志》二卷，国朝李昌耀等撰，据采訪册。』① 可見該志原名《桑園圍志》，『通修志』是明之綱、盧維球所改。可惜的是，我們現在無法見到此《桑園圍志》的單行本，只知道『甲寅志板最豁』，②《桑園圍總志》的編修者『目各志之大小參差者，悉照甲寅志式翻刻』③，所以甲寅志的版式應當與現今《桑園圍總志》的版式相類似。本志編者李昌曜，同治《南海縣志》有傳，兹節選如下：

① 道光《南海縣志》卷二十五《藝文略一》，道光十五年刻本。
② （清）明之綱：《桑園圍總志序》，載《桑園圍總志》，同治九年刻本。
③ （清）明之綱：《桑園圍總志序》，載《桑園圍總志》，同治九年刻本。

李昌曜，名肇珠，以字行，海舟堡人。少隨父客粤西，習法家言，恒居縣幕，留心經世之學，於農田水利尤所深悉。乾隆五十九年甲寅，大水漲自李村，抵魚婢潭，决口共廿二處，時布政使會稽陳大文、在籍紳士編修温汝适謂此圍捍西北兩江，爲糧命最大之區，年來爲洪濤衝擊，危險已極，非通圍大修不可。然工巨費煩，必得熟曉堤工，實心任事之人，乃克有濟。於是博訪衆紳，咸推昌曜，遂札委爲通圍主辦。昌曜乃踏勘東西圍形勢，其厚薄高下，危險平易，了然於心，而後買料必得具用，用人必當其才，工役不敢偷安，度支不得泛濫。數閱曰：工完除塞廿二缺口外，補薄增高，危者平，險者易，數千丈一律完固。時督工者九江主簿稽會嘉，仿漢筑宣房宫法，建河神廟於李村鎮壓之。又於决口栽榕樹護堤，陰森夾道，論者謂此圍自明初陳博民詣闕上書，請筑堤捍患，迄今五百年，而昌曜繼之，兩布衣後先輝映，爲德桑梓，陳方伯錫以扁額曰：『鄉閭保障』，誠實録也。①

李昌曜的傳記提供了《桑園圍甲寅通修志》産生的背景。乾隆五十九年，桑園圍因大水决口二十二處。順德紳士翰林院編修温汝适提出必須聯合南海十一堡、順德三堡共同出資修築，得到了布政使陳大文的大力支持。② 在此之前，僅吉贊横基有全圍通修的先例，其他基段皆由基主業户自行修築，温汝适的建議在

① 同治《南海縣志》卷十九《列傳》，同治十一年刻本。
②（清）温汝适：《記通修鼎安各堤始末》，載《桑園圍總志》，同治九年刻本。

當時無異爲一大創舉。爲了實施通修的工程，桑園圍總局建立，李昌曜被推舉爲總局首事。可惜李昌曜没有留下文字叙明修志的意圖，但『通修』事屬初創，修志的行爲應當置於官府力量介入，以及區域間聯合的背景中予以考量。

《桑園圍甲寅通修志》收録了乾隆通修全圍過程中産生的碑刻和各類文件。除著於明初的《穀食祠記》和乾隆四十四年的《重修吉贇横基碑記》外，其他文書均與此次通修事件相關，時間起於乾隆五十九年七月，終於嘉慶三年六月。全志收録碑記與文件三十七篇，按照目録有三十八篇，但《論疏全圍水通告示》一篇在正文中無法覓得，《添派施工仍按堡收銀并籌善後事宜告示》一篇不完整，此兩篇之舛錯，究竟是原志刊刻時的失誤，還是明之綱重刻所留下的痕迹，尚且難以判明。

《桑園圍甲寅通修志》兩卷的内容，大體可以分爲三部分。第一部分自《穀食祠記》至《桑園圍總圖》十篇，主要回溯桑園圍全圍通修的歷史，並附有兩廣總督、布政使等高級官僚的奏章，意在爲此次十四堡合修的舉措張本。第二部分自《各村堡竇穴基址》至《收支總略》十九篇，主要是修圍過程中所産生的籌款、推舉各處負責人、規劃章程、石工、預算與結算等文書，提供了分析全圍通修進程的具體描述。第三部分自《議講各衙門在事出力工書》至《查勘疏附南石兩竇事宜》九篇，提供了工程完成之後善後事宜的諸類文書，其中尤爲重要的是建立河神廟作爲桑園圍總局駐點及相關系列祭祀的文書。

《桑園圍甲寅通修志》最重要的意圖在於建構桑園圍的歷史。儘管《南海縣志》、順治《九江鄉志》均有對後來被稱爲桑園圍的一系列基圍有記載，但都没有在桑園圍的名義下進行叙述，也没有畫出桑園圍的地圖。本志收録的各類文書，以温汝适《記通修鼎安各堤始末》這篇被多處轉引的文字爲代表，開始把南海、順德多處堤圍（筆者所指第一、第二階段的基圍）納入桑園圍的名義下進行叙述，各處基圍的開發史就成爲桑園圍的修建史。海舟李村的河神廟，也把這種歷史叙事表達到祭祀的禮儀中去。此後廣州地區的各類方志及後續的各種桑園圍志，均接受了這種叙事的模式，一直影響到今人對桑園圍的認識。

李昌曜在編撰此志時，有意地揀擇了維護此叙事的文獻。光緒《重輯桑園圍志》提及，編志者所見乾隆五十九年之前的碑刻文獻有三篇，本志只録了其中兩篇，不録乾隆八年周尚迪的《東基洪聖廟碑記》（本志中屢屢提及此篇文字的内容，證明當時李昌曜等均知道此篇的存在），①原因是該篇『支离附会，不无失实』，不符合這套歷史叙事。在民國《龍江鄉志》和民國《龍山鄉志》中録有一篇《幫修桑園圍稟免成例碑記》，龍江的紳士認爲乾隆甲寅年順德三堡出資是對於桑園圍的『捐助』，而非一種常規的義務。此稟文意在希望省級政府出示證明，保證下次桑園圍修築時不能把十四堡通修的規則視爲成例，亦即拒絕桑園圍甲寅志所倡導的攤派規則。② 布政司對此稟文的批示是，『南順二縣各基圍地界毗連，是以合順邑業户幫捐，原屬一時從權，未便援以爲例。各業户自應保護基身，遇有損壞，隨時各自修葺，不得再推諉』，并命廣州府和南海縣重定章程。如此重要的文獻，李昌曜等只字未曾提及，相反龍山、龍江兩地的鄉志均予以抄録，可見修志者均謹慎地去取文獻，以維護己方希望達致的利益。讀者應該在這樣的情境中予以閲讀，并參照同時期

① 光緒《重輯桑園圍志》卷十五《艺文》，光绪十五年粤东省城學院前翰元樓刻本，第 2 頁。
② 民國《龍山鄉志》卷五《建置略》，民國十九年刻本，第 56—59 頁。

珠江三角洲豐富的文獻互相映證。

四 《桑園圍丁丑續修志》與《桑園圍己卯歲修志》

《桑園圍丁丑續修志》，何毓齡、潘澄江編撰。該書輯録了嘉慶二十二年（1817）至嘉慶二十三年（1818）間修築桑園圍三丫基等段基圍的文書。文書的涉及的最遲時間爲嘉慶二十三年七月，而嘉慶二十五年（1820）的《桑園圍己卯歲修志》卷首《歲修紀事》提及丁丑修圍事『並詳新志』，説明該志修成於嘉慶二十三年至二十五年間，最有可能是在二十三年堤圍竣工之後隨即完成。

關於丁丑志的作者何毓齡與潘澄江，現存的信息有限，府志、縣志均無專傳。根據光緒《廣州府志》載，何毓齡，南海鎮涌堡人，『嘉慶戊午（三年）歲貢，始興訓導』。① 何毓齡及其父親參與了乾隆五十九年的全圍通修工程，其時與温汝适有過交往。他談及温汝适時憶及，『先君子榕湖公，偕同奔走往來，出其條議章程，深爲許可，遂定議修築，鄉人賴之。時毓親隨左右，備悉籌議』。② 早在嘉慶二十二年三丫基決堤之前，温汝适便『諄諄以圍事下詢。聞毓所稱現在形勢，輒動色相戒，拳拳然謂宜以未雨綢繆爲慮』。③ 及至此次決堤，温『謬以毓可勷厥事，札毓傳集各堡紳士，合議通修』。可見何毓齡熟悉基圍水利事務，爲温汝适所

① 光緒《廣州府志》卷五十三《選舉表》，光緒五年刊本。
② （清）何毓齡：《何毓齡跋》，載《桑園圍總志》卷三《桑園圍丁丑續修志》，第11—12頁。
③ （清）何毓齡：《何毓齡跋》，載《桑園圍總志》卷三《桑園圍丁丑續修志》，第11—12頁。

賞識，并推薦進入桑園圍總局領導修築工程。另一位首事潘澄江，南海河清堡人，是嘉慶十二年（1807）的舉人，嘉慶二十二年（1815）正好『守制家居』，就參與到修圍事務中。①

《桑園圍丁丑續修志》的産生背景，是桑園圍總局主持嘉慶二十二年、二十三年的修築工程。嘉慶二十二年五月十九日，『西潦暴漲，九江大洛口外基、河清外基皆決，海舟堡三丫基因前伐稿木，樹根霉廢，以致滲漏坍卸，經各堡傳鑼搶救不及，衝決六十二丈』。② 桑園圍總局隨即確立了組成人員，開始籌款封堵決口。籌款的方法是按照乾隆五十九年十四堡通修之例，根據乾隆款項的五成來攤派，理論上可籌得二萬七千兩。除了攤派十四堡業户所得的款項，官府還籌備提供了一筆歲修款。當時的兩廣總督阮元提供了一個方案，由官府提供八萬兩本銀，交給南海、順德兩縣的黨商生息，每年獲得息銀九千六百兩，其中五千兩歸還官府，另外四千六百兩交由桑園圍總局作爲歲修的費用。該方案獲得了嘉慶皇帝的批准。③ 然而，奏准的時間嘉慶二十二年十二月已經較遲，歲修款並没有立刻撥給總局，直至嘉慶二十四年才真正落實。此志雖有許多文書涉及阮元建立歲修款的事情，在實際修圍過程中並不曾動用此款。圍志的編者不稱之爲『歲修志』，僅僅名之曰『續修志』，就因爲有這方面的考慮。

《桑園圍丁丑續修志》收録了24篇文書。大體可以分爲兩組。

① （清）潘澄江：《潘澄江跋》，載《桑園圍總志》卷三《桑園圍丁丑續修志》，第13—14頁。
② （清）何毓齡：《桑園圍考》，載《桑園圍總志》卷三《桑園圍丁丑續修志》，第28—29頁。
③ （清）阮元：《奏爲酬議護田圍基借當生息以資歲修并按年分息歸欵仰祈聖鑒事》，載《桑園圍總志》卷三《桑園圍丁丑續修志》，第3—4頁。

第一組文書包括阮元《奏稿》、温汝适《後修堤記》、何毓齡跋、潘澄江跋、總局五位首事編寫的《筑復三丫基並通修全圍記》和《桑園圍考》六篇。何毓齡等如此安排六篇文獻實有深意。阮元《奏稿》是奠定歲修制度的重要文獻。編者把温汝适的《后修堤記》置於阮元奏稿之後，並且於兩篇跋中反復贊頌温汝适的貢獻，意在借温汝适的地位和聲望，維持温汝适的闔圍通修之法，方便於實際籌款過程中敦促各堡履行捐輸的義務。何毓齡期待『後之君子，比歲修築，無相諉辭，無分畛域』，潘澄江也提及總局『每有興作，必偕同事石崖何世執謁見温六先生，請示機宜』。① 桑園圍總局一方面要克服龍江、甘竹等堡對通修攤派的抵制，另一方面又希望通過立定規則，促使官府對桑園圍事務的持續支持。基於以上考慮，何毓齡等編寫了《桑園圍考》，重新梳理桑園圍的歷史。對比乾隆時期的《記通修鼎安各堤始末》及《闔圍公記》，《桑園圍考》從舊有方志中輯録出更多全圍通修的記載，尤其詳細補入兩篇文書，其一爲康熙四十一年各堡聯合阻止知府希圖把吉贊横基分段專管的政策的呈文，其二爲康熙四十五年各堡聯合阻止九江堡於圍内筑圍的過程，均著眼於强調圍内各堡對堤圍的共同義務。

第二組文書主要涉及桑園圍總局向各級官府報告修圍進度的文獻，以及各級官府給予的批示與告示等。該組文書向讀者提供了桑園圍總局財政從預算到結算的完整文獻，也提供了時人關於修堤水利技術的認識。此外，如《制憲曉諭告示》嚴令禁止在堤圍附近進行基塘農業的開發，又如《報明基工工程情形》揭示了

① （清）潘澄江：《潘澄江跋》，載《桑園圍總志》卷三《桑園圍丁丑續修志》，第 13—14 頁。

總局與抵制交款的龍江、甘竹等堡的緊張關係，對於瞭解當時生計模式、社區關係有重要的價值。

《桑園圍己卯歲修志》，何毓齡、潘澄江等編撰，主要收録了嘉慶二十三年（1818）至嘉慶二十五年（1820）修圍的文書。桑園圍總局於己卯年（嘉慶二十四年）對全圍的部分基段進行了加固，尤其把海舟堡天后廟基和九江堡大洛口基改用石料陪護，本圍志所輯録的文獻集中産生於這個過程。嘉慶二十四年的修築得到了由阮元奏准的歲修款，打破了全圍攤派的慣例，因此該志名爲『歲修志』，與前述乾隆『通修志』、庚辰『捐修志』有所區分。

《桑園圍己卯歲修志》的修志背景，可由卷首收録的何毓齡等撰寫的《歲修紀事》予以考查。何毓齡等自叙，何毓齡、潘澄江均得到温汝适致書多次，吩咐擔當修圍的責任，但何毓齡以守制爲由，潘澄江以準備會試爲由，堅辭不就。最終由全圍紳士呈稟文推舉，由南海知縣發出告示，二人方才接任總局的首事。二人的態度説明桑園圍總局在分配歲修款的問題上難以兼顧圍内各地的利益，容易招致怨恨。① 如果圍工出現問題，還可能有連帶責任。如本卷的《遵照條欵辨理諭》便特別規定，『萬一不虞，復有開口，應照向例，或責成經管，或合衆科派，依甲寅年志書分别辦理，不得執部文爲詞，致首事賠累』。② 在這種緊張的關係中，何、潘等在此卷中録入官府督責他們擔任首事的文獻，并時刻强調所有舉措是在官府監督下『秉公』完成

① 《縣憲條議告示》便稱贊二人『不避嫌怨，頗費辛勤』，見《桑園圍總志》卷四《桑園圍己卯歲修志》，第6—10頁。
② 《遵照條欵辦理諭》，載《桑園圍總志》卷四《桑園圍己卯歲修志》，第15—17頁。

的。讀者在閱讀時，應當時刻注意這種緊張的氛圍。

包括《歲修紀事》，本志録有文書十八篇。圍志首録温汝适給兩廣總督蔣攸銛、兩廣總督阮元的書信各一封。何毓齡等從温著《携雪齋文钞》抄録，並指出温汝适有相關文獻十數封，此處只是『擇其要者存之』。温汝适信中的用意是向兩廣總督請得歲修款。儘管阮元已經奏准用『發當生息』的方式提供歲修款，但在當時省級財政運作中，款項預算的名目與實際的去處仍可能有所差别，『請款』的環節便十分重要。何毓齡等轉録此文獻，目的是爲了日後請款提供依據，在一定程度上向兩廣衙門施加款項落到實處的壓力。

除此之外的十五篇文獻，涵蓋了勘查基段、興工日期、采石章程、款項報銷等等程序。由於動用了官款，總局對財政的預算、結算、報銷的程序有所不同，提供給讀者精研地方財政運作情况的部分史料。除此，此志仍有與其他諸志相同的社會史研究價值，此處不再重復。

五　《桑園圍庚辰捐修志》

《桑園圍庚辰捐修志》二卷，何毓齡、潘澄江撰。主要輯録了嘉慶二十五年（1820），富商伍元芝、伍元蘭、盧文錦共捐銀十萬兩作爲經費，何毓齡、潘澄江等用以實施桑園圍險段培筑石料工程的相關文書。伍元芝、伍元蘭均是廣州十三行行商伍氏家族的成員。其時伍式家族的伍秉鑒，是十三行中行商的領袖，在中外貿易中佔據重要一席。伍元芝等捐修桑園圍，可能與桑園圍出産出口蠶絲相關，也可能從行商與地方財政的關係來理解。何毓齡等此次修圍並非針對洪災之後的修復，也没有動用歲修款，而是爲了防範險段坍塌，遂利用捐款把全圍各險段用石加固，故此志稱爲『捐修志』。

《桑園圍庚辰捐修志》曾以單行本存世。道光《南海縣志》著録有『《續桑園圍志》二卷，國朝何毓齡等撰，據采訪册』一條。①按《桑園圍總志》中，在南海縣志刻成的道光十五年以前，以二卷獨成一書的，有乾隆甲寅志、嘉慶庚辰志與道光癸巳志。三志中何毓齡撰的只有嘉慶庚辰志，所以可以斷定《續桑園圍志》即爲《庚辰捐修志》。

《桑園圍庚辰捐修志》收録了各類文件共三十三篇。大體可分爲四組。

第一組是前五篇，包括兩廣總督阮元的兩篇奏稿、阮元《新建南海縣桑園圍石堤碑記》、此次修圍首事何毓齡等的《捐修全圍碑記》以及南海知縣的《縣憲稟詳義助大修銀兩》。阮元的奏稿一方面向朝廷彙報了修圍的大致過程，另一方面也援引『捐修公所銀至千兩以上，即應分别旌賞，或由部議叙』之例，②『查明伍元蘭等於桑園圍，並非自護田廬』，希望朝廷『照例建坊以奬善舉』。③這一組文獻不僅於瞭解桑園圍水利有所裨益，對於認識清代官商關係，認識地方財政運作與商人捐款的關係，以及認識朝廷旌賞對地方公益事業做出貢獻的人的程序，都具有非常高的價值。

① 道光《南海縣志》卷二十五《藝文略一》，道光十五年刻本。

② （清）阮元：《奏爲護田大圍亟建築石堤以資捍衛經本籍紳士急公捐輸辦理緣由摺》，載《桑園圍總志》卷五《桑園圍庚辰捐修志》，第3頁。

③ （清）阮元：《工峻奏稿》，載《桑園圍總志》卷五《桑園圍庚辰捐修志》，第6—8頁。

與之前各志相同，其後三組文書於實際修築過程中產生。

第二組文書是修築之前的準備，其核心問題是捐修銀的分配和利用。何毓齡等訂立了《修築章程》，然而該章程立刻受到了地方的抵制。『各堡又屬遲玩，諸多棘手，現聞各堡有妄擬全砌石砧者，有妄想按堡分銀，自行承辦者，膠執已見，議論紛紜，毓等以二人之力，難辯衆口之多』。① 何毓齡等認爲，十萬兩捐修款在當時雖然非常豐厚，但仍然不足以支付全圍培石的費用，全圍各地紳士均爲各自的利益競逐，何毓齡等不管主持何種方法，均與一些地方利益形成衝突。最終只能求助官方出面來確立修築的規劃，《稟請議定條款催舉首事協理》等文書便產生於這樣的背景中。另一方面，許多堤圍由於被圍邊的魚塘等侵佔，達不到法定的厚度，《修築章程》力主填平魚塘，尤其受地方的抵制。何毓齡等最終不得不妥協，因此有《稟請通融辦理呈》等文書的產生。

第三組文書爲采買石料的相關材料。此次修圍所需石料需從九龍、南沙、十字門等處采買，彼處原爲禁止采買之區，需要由官府出示證明，在修圍期間暫時開禁。然而南海縣派往采買的商人曾名高等，却緣此機會偷采另售，致使貽誤工程的正常進度。《稟催石匠趕運呈》、《縣奉督憲檄飭情節辦理論現奉》等文書便揭示了何毓齡等如何借官府之力辦理石料的過程。透過這些文書，我們能够看到地方社會各色人等的利益訴求，以及豐富多彩的社會的各個層面。

① 《稟請議定條款催舉首事帮辦》，載《桑園圍總志》卷五《桑園圍庚辰捐修志》，第 26 頁。

第四組文書爲培石築堤及善後事宜的各類文獻。竣工之後，刻碑、繪圖、立牌坊、報銷等等程序，能讓讀者看到一個地方紳士與官府協作完成地方事務的完整過程。值得注意的是，總局此次工程的報銷程序與之前不同，阮元指出，『此係民捐民辦之件，照例毋庸造册報銷』，①即不必向户部造册彙報，讀者可與『歲修款』下報銷的程序進行對比，可藉以研究清代各級財政運作的程序。

總之，《桑園圍庚辰捐修志》中的文書，在行商捐修的背景下，把各級官府與地方勢力運作的狀況淋漓盡致地展現出來，是研究制度史、社會史的重要材料。

六 《桑園圍癸巳歲修志》和《桑園圍甲辰歲修志》

《桑園圍癸巳歲修志》三卷，未注明撰修者。此志雖名『癸巳歲修志』，其記録的時間不限於道光癸巳年（1833），記録的事件也不限於該年份的歲修。該志是桑園圍第一部編撰體的志書，分爲『奏稿』、『圖説』、『沿革』、『基段』、『防潦』、『搶塞』、『修築』、『章程』、『圖户』、『祠廟』十門，把乾隆甲寅年以來來諸志的內容詳盡地歸入到以上諸門中。這種編撰體例影響甚大，其後桑園圍甲辰志、光緒桑園圍志均在此門類的基礎上有所損益。

如今可見的《桑園圍癸巳歲修志》是經過《桑園圍總志》編者明之綱等重新整理的，單行的志書已經

① （清）阮元：《工峻奏稿》，載《桑園圍總志》卷五《桑園圍庚辰捐修志》，第7頁。

不存。明之綱等删改的目標是讓該志突出道光九年和道光十三年修圍的部分，把一部叙述桑園圍全體修築史的志書，删削成兩個固定年份的歲修志。爲此，明之綱等作出的第一項重大改動是把癸巳志與前幾版《桑園圍志》重復的文獻删去，改動的幅度較大。例如『奏稿』一門，道光之前的許多奏稿均被删去，只留下道光九年及道光十三年兩篇前志不録的奏稿。所幸編者删除之餘，皆用小字注明删去的文獻，讀者仍然可以緣此注解，在一定程度上窺見此志的原貌。第二項重大改動是補入道光九年（1829）伍元薇捐修桑園圍的相關文獻。道光九年捐修没有專志，明之綱等便把相關内容分散插入於各門類之中。由於增删的内容龐大，此志原有的卷數未必爲三卷，名稱也未必爲『癸巳歲修志』（道光、同治、宣統三版《南海縣志》均未及著録）。

《桑園圍癸巳歲修志》采取分門別類的體例，出自南海著名士紳鄧士憲的主張。鄧士憲在《重修南海縣志序》中回顧道：『癸巳夏，五江潦决，縣屬圍基殆遍，繼以海颶風爲災，余受盧制軍、朱撫軍命，臨鄉勸捐賑，而任齋詹簿，復爲桑園圍總理，逮甲午初夏方蕆事。』① 説明鄧士憲正好是道光十三、十四年修築的首事。根據桑園圍總局首事必須編纂圍志的慣例，道光十四年，鄧士憲提出采取新體例編修圍志，『通圍志乘，宜遵照奉行善後章程纂修，以垂久遠也。查甲寅、丁丑及己卯、捐修圍志，不過總理值事收拾告示、呈詞、賬目，彙抄刻板，故告示照書辦抄貼款式，呈詞批語照狀榜款式，賬簿照登記款式，固蕪冗不成體例。且所存

① 道光《南海縣志》卷首《重修南海縣志序》，道光十五年刻本。

章程，多爲悞基卸工地步，並未列纂修人銜名，未呈請地方官鑒定，殊非傳信之義。兹待呈准善後章程後，應公推圍内諳熟志書體例公正可信紳士重新編纂，書成之日，請大憲鑒定賜序，以垂久遠」。①據此可見鄧士憲等更爲强調圍志的重要性，非但需要『成體例』，而且需要一套官府的程序予以『鑒定』。儘管實際的纂修者已難以考究，但是本志確實按志書體例重新分門別類，文獻的采擇也更爲審慎。

《桑園圍癸巳歲修志》的史料來源大體可分爲三類。第一類沿自舊志，例如李昌曜《桑園圍志》、何毓齡《桑園圍續志》，書中已經逐條注明，兹不贅述。第二類則是直接從縣檔册、糧道檔册、廣府檔册中抄出，由此可供讀者瞭解水利慣例的制度及各級政府管理的權限。第三類是源自鄧士憲等編修的道光《南海縣志》。鄧士憲在道光十三年任桑園圍總局首事之時，同時也任《南海縣志》的總纂，他於道光十五年出版的《南海縣志》中稱該志於江防尤其詳盡，新創了《江防略》一門。從《桑園圍癸巳歲修志》的體例看，其中『圖説』、『基段』、『防潦』、『搶塞』、『修築』五門與鄧士憲修撰的《南海縣志·江防略》内的『繪圖』、『基段』、『潦期』、『搶救』、『築護』五門類似，《南海縣志·江防略》惟有『疏濬』一門不被録入此志。

《南海縣志·江防略》的攥寫者爲胡調德，字道卿，南海九江堡人。宣統《南海縣志》稱其修撰江防略的緣起如下：『吾邑居西北江下流，近因香山新會入海要區，沿河横築石壩，聚沙成田，隘塞水道，每當夏秋

①（清）明之綱編：《桑園圍總志》卷九《章程》，第25—26頁。

潦發，隄圍頻決，調德目擊情形，深痛其害。會學海堂課以牂牁江考命題，遂歷陳其壅塞之患，冀當路革除之。迨分纂邑乘，復師古人河渠溝洫諸書之例，參考載籍，驗以見聞，創編《江防略》……著有《尺木齋文集》四卷。譚瑩序而傳之，卒年六十。』胡调德修《江防略》的时候，除『參考載籍』外，多徵引胡自己著的《龍涌脞編》、《龍涌脞編續鈔》、《魚苗經》和《尺木齋文集》，甚至把許多觀察魚苗情況的與江防關係不大的材料也引進來，無怪乎光緒《重輯桑園圍志》的編者何如銓批評『舊志防潦、搶塞、修築諸門雜引他書，無與桑園圍事』。① 胡調德不僅協助鄧士憲修《南海縣志》，也參與到道光十三、十四年修圍的活動中。《桑園圍癸巳歲修志》所載道光十三年、十四年、十五年三年的呈文中，胡調德與南海衆士紳並列，同爲總局聯名之人。胡調德具有分纂《南海縣志》以及編寫《江防略》、《魚苗經》等地方文獻的經驗，很可能也參與到《桑園圍癸巳歲修志》的編修之中。

《桑園圍甲辰歲修志》二卷，何子彬編。何子彬，傳記不詳，道光五年南海縣舉人，道光二十四年大修任桑園圍總局首事，卸任后相繼任開建、海豐教諭，著有《時還讀我書軒詩草》。

《桑園圍甲辰歲修志》仿照《桑園圍癸巳歲修志》體例，立『撥款』、『起科』、『修築』、『陪護』、『基段』、『渠竇』六門（後來明之綱整理時補入《粵東省例》的引文，成爲七門）。但是《桑園圍癸巳歲

① 光緒《重輯桑園圍志》卷一《凡例》。

修志》是一部時間跨及宋至清的桑園圍通史，而此志僅僅延續前志，叙及道光二十四年歲修之事，篇幅也較之爲少，門類較爲簡單。此志在前志體例的基礎上做出調整：何子彬把「奏稿」一門拆成「撥款」、「起科」二門，分别對應由官府撥給歲修款和全圍攤派兩種籌款方法；保留癸巳志「修築」一門，但不再沿襲前志修築方法，而是改成道光十三年歲修的《修基條款》等文件；新立「陪護」一門，「詳載基段險要頂衝處所宜落石若干，價銀若干，而各堡尾欠宜亟繳爲落石之用者亦附載焉」；①延續癸巳志「基段」一門，但不再重復前志所載基段丈尺，而是登載了圍内業户潘桌全等「捏造新志，改易基段爲言，希圖卸管」一案；新建「竇渠」一門，何子彬等不滿癸巳志「僅載渠竇有無」，補入一些疏濬修築章程，「搜載經行成案」，「庶日後有成法可守」。其餘癸巳志「圖説」、「沿革」、「防潦」、「搶塞」、「章程」、「圖户」、「祠廟」諸門，甲辰志不再采納。

《桑園圍甲辰歲修志》保留有兩篇序文，揭示了甲辰志的撰修過程。

第一篇序文爲南海知縣史樸序，作於道光二十七年春季。查同治《南海縣志》，史樸兩任南海知縣，第一任自道光二十四年（1844）至道光二十五年（1845），②第二任爲道光二十六年（1846），當年即離任。道光甲辰年（二十四年）歲修的事情，主要發生在史樸的任内。史序回顧自己任内，「甲辰夏，雨漲堤决，田與水俱。予爲之請款籌資，率都人士鳩工奮築，填蛟窟，竣虹基，培議漏，久乃保障一新，而田疇復舊。予既

① （清）明之綱編：《桑園圍總志》卷十《凡例》，第4頁。
② 按《桑園圍甲辰歲修志》録有道光二十五年四月二十三日由縣令史樸發出的諭令，説明其離任時間必定在二十五年四月二十三日之後。

記之，刊諸石矣』，再述及何子彬請序的情形，『今春何子子彬手志一卷，請序於予。自始事以迄竣工，綱舉目張，如指諸掌，俾繼此者有所遵循而不廢，厥志尚矣』。① 依照史樸的説法，他所見的甲辰志僅有一卷，而且其内容涵蓋的範圍是『自始事以迄竣工』之際的各類文獻。

第二篇序文爲南海知縣張繼鄒序，張繼鄒任期爲道光二十六年至二十九年（1849），作於道光二十七年夏季。張序載：『予於丙午冬，蒞任南武，前任史侯重以培護桑園基圍相屬，繼則接見彼中紳士，詢悉端委，得觀所輯《甲辰大修志》三卷。益歎其經理之艱，而有備無患也。』② 按張氏得觀甲辰志的時間，應當在於他莅任南海的道光二十六年至撰成此序的道光二十七年仲夏之月之間，與史樸『今春』觀志所差不至太久。但是他所見甲辰志已有三卷，並稱爲『甲辰大修志』，現今所用『甲辰歲修志』之名，應該爲同治年間明之綱所改。

如今所見之《桑園圍甲辰歲修志》，却只有兩卷，與二序提及的一卷或者三卷，皆有歧異。現今所録的内容，亦有時間後於兩篇序文所作時間者，如《桑園圍總志》卷十一便録有道光二十八年九月二十二日的廣東布政使向户部報銷賬目的題本。可以推測，何子彬在請序的同時，仍不斷對圍志進行修改，其中道光二十七年上半年進行了較大幅度的修改，其後又補入了一些相關文獻。原志可能有三卷，後來明之綱編總志時調整成兩卷，同時補入《粤東省例》的内容。

① （清）史樸：《桑園圍甲辰歲修志序》，載《桑園圍總志》卷十，第1頁。
② （清）張繼鄒：《桑園圍甲辰歲修志序》，載《桑園圍總志》卷十，第2頁。

七　《桑園圍己酉歲修志》、《桑園圍癸丑歲修志》和《桑園圍丁卯歲修志》

《桑園圍己酉歲修志》一卷，潘以翎、何子彬編。潘以翎，南海人，道光十四年舉人，候補廣寧教諭。据潘以翎回憶，他的伯父潘進（字健行，號思園）在道光九年桑園圍的修繕工程中做出卓越貢獻，他親自向行商伍元薇勸捐，並數次上呈修圍的具體方案。潘以翎『追隨左右，基務之要，每聞而謹識之』。①潘以翎的侄子潘斯濂，道光二十七年進士，時任翰林院編修，此次『闔圍人士以秋颶傷及隄岸』，亟待防護，潘以翎便找乞假南歸養母的潘斯濂商議，『桑園圍事，先世嘗三致意，繩諸祖武，爾其勉之』②。於是潘斯濂便出面向道光皇帝上奏，希望兩廣衙門籌措因戰爭挪作兵餉的桑園圍歲修款，按照阮元定下的規則辦理，交給桑園圍總局作爲修圍之用，獲得了皇帝的批准。③正因爲潘以翎三代人與桑園圍修築工程的關係，潘以翎和上次修圍首事何子彬一齊被圍内紳士公舉爲此次桑園圍總局首事。潘以翎在堤圍工竣之後，『彙叙顛末，付之剞劂，不揣固陋，謹仿丁丑舊志，謬附己意，以盡駑鈍所不逮』。④他按照慣例，采取了丁丑志的體例，編寫了圍志。

①（清）潘以翎：《潘以翎跋》，載《桑園圍總志》卷十二，第27—30頁。
②（清）潘以翎：《潘以翎跋》，載《桑園圍總志》卷十二，第27—30頁。
③宣統《南海縣志》卷十四《潘斯濂傳》稱其『又以本籍桑園圍，跨南順兩邑，糧命所關至鉅。而水災薦至百年，不獲少安，前總督阮元奏撥帑銀八萬兩發商取息，助民歲修，工竣題銷，作該圍專款。中更寇亂，大吏備充兵餉，本息蕩然無存，疏請飭督撫迅速籌還，照向草辦理，以濟要工。皆得旨允』。
④（清）潘以翎：《潘以翎跋》，載《桑園圍總志》卷十二，第27—30頁。

編纂《桑園圍己酉歲修志》的背景，是道光二十八年（1848）加固先登堡禾乂基等基圍的歲修之舉。道光二十七年（1847）秋季的台風導致桑園圍許多基圍出現了隱患，圍内紳士希望能够防範於未然，聯呈向兩廣總督葉明琛和廣東巡撫徐廣縉請求撥歲修款，最終得到省級衙門撥款一萬兩作爲經費。在此背景下，潘以翎等集中選取了很多與争取歲修款相關的文書，文書中都梳理了阮元以來歲修款運作的歷史，以此爲据來争取恢復該款項。這些材料既能表達桑園圍内士紳的意圖，也能在一定程度上揭示鴉片戰争和太平天國運動時期廣東財政運作的一個側面，值得讀者重視。

《桑園圍己酉歲修志》的體例是仿照《桑園圍丁丑續修志》和《桑園圍己卯歲修志》，先於卷首列歲修紀事，作爲圍志的提綱。編者自叙爲，『已卯志卷首有歲修紀事一編，兹以事原相故，亦序其緣起，列諸簡端，特加己酉字以别之』。其内容先列奏稿一篇，編者認爲諸舊志『仿浙江海塘志例，以奏稿冠全書之首，戴皇仁也。而列憲勤民之德亦見焉』。希望後來之修志者也能够援此例行之。奏稿之後，則是全圍士紳請求歲修款的呈文、修圍各過程中産生的文書、修完圍后的善後章程及報銷册等七篇，與其他歲修志的體例和内容相似，讀者可以對比閲讀，此處不再展開介紹。尤其值得注意的是，在戰争環境所導致的兩廣財政緊張的背景下，桑園圍圍内的事務不再由下游的龍山、九江等堡士紳主導，而東部百滘堡的潘氏幾代士紳代之而起，桑園圍總局的權力組織及地方社會的結構也隨之進行了調整。讀者可循之細緻觀察時代變遷大背景下地方社會史的變遷脉絡。

《桑園圍癸丑歲修志》一卷，盧維球編。與前叙諸志不同，咸豐三年負責歲修工程的桑園圍總局局董潘斯湖、崔繼芬並没有及時修志，待到同治八年、九年修總志的期間，潘、崔等人已經謝世，因此該志成於總志編修者盧維球之手。修志距修圍事已經有十八、十九年。盧維球意圖『以癸丑領帑事補志之』，但是由於洪兵之亂、第二次鴉片戰爭及兩位當事局董的逝世，『工役度支，無有記其詳者』。只能『從檔房備查案由，大略續輯』。①

咸豐三年歲修的背景是桑園圍九江、榆岸五鄉、岡頭涌等基被水衝決。此次歲修，『冬領歲修本款息銀一萬兩加二起科，通修患基，甲寅春工甫竣』。② 由此，從檔房查來的八封文書，就圍繞各級政府及桑園圍總局申請歲修款項這道程序展開。

盧維球除了輯録咸豐三年歲修的文書，還花費了一半的篇幅收録同治四年拆毁楊滘壩的文獻。楊滘壩位於順德縣，地處桑園圍下游，近於西江要道的黄連海口，此地爲桑園圍各圍的排水要區。楊滘鄉的紳士馬應楷等於水面平緩之處，投石筑壩，希圖開發沙田。盧維球認爲此舉阻礙了桑園圍等圍排水的通暢，於是領導南海十餘圍的紳士向兩廣總督郭嵩燾上書，獲得批准之後親自組織人員予以拆毁。此事被認爲盧維球一生重要的功績，録於南海縣志本傳中。③ 本志收録了拆毁楊滘壩事件的八封文書，包括盧維球等向兩廣總督

① （清）盧維球：《癸丑歲修紀事》，載《桑園圍總志》卷十三，第一頁。
② （清）盧維球：《癸丑歲修紀事》，載《桑園圍總志》卷十三，第一頁。
③ 宣統《南海縣志》卷十九《盧維球傳》。

衙門的呈文、南海順德兩縣的諭令、禁令以及馬應楷等楊滘鄉紳上的辯駁呈稿。一般地方志、水利專志收録這類水利糾紛的文書，常常涉及該糾紛的結果，而未能窺見糾紛的全過程，此志系統地收録檔案資料，能够讓讀者洞察整個糾紛的過程。尤爲難能可貴的是，盧維球還收録了他的對手——楊滘壩的筑者馬應楷的兩篇文書，其中聲稱『若以遏流而論，豈沙頭（盧維球家鄉）之河道窄而壩多者不爲遏流，楊滘之河道濶而壩少者反爲遏流乎』，讓讀者看到相反的意見。隨着珠江三角洲的墾殖，珠江三角洲内積水難泄的問題日益突出。乾隆時期以來，珠江三角洲内較早開發完畢的地區面對日益緊張的水患威脅，頻頻向各級政府求助，企圖減緩下游的沙田開發。楊滘壩的事件應該放在珠江三角洲開發的脉絡中予以理解，讀者可借助本志提供的文獻，超越時人對此問題是非之理解，而深入觀察古人在堤圍水利開發中對於資源的競争，以及伴之而來對於地方權力的表達。

《桑園圍丁卯歲修志》一卷，盧維球編。本志雖名丁卯歲修志，實則同治六年、同治八年兩次歲修工程的合志。本志采取了與乙酉志、癸丑志相似的體例，均是先列《歲修紀事》（可視爲序文）再按時間順序羅列文獻。

編撰此志的背景，是同治六年潘斯湖等領導加固沙頭堡基圍和同治八年明之綱等加固海舟、鎮涌堡堤圍二事。編者盧維球自叙同治六年修圍的緣起，『丁卯秋，陳京圃邑侯甫攝篆，詢邑中大利病，李君子莊首以本圍久廢修對。因請潘君湘南手撰節畧上邑侯，懇先達上游，繼以紳士呈請，皆報可，分兩年籌撥息銀二萬兩，加二起科』。① 同治八年修圍，『己巳春，陳邑侯彭委員勘工，周歷各處，深以海舟鎮涌首險爲憂。飭具摺繪圖，以兩處外海内湖基身壁立，應再壘石填泥，面覆大府。是冬遂得續請發給帑息一萬兩，專注兩堡首險。董事者潘君鶴洲、何君立卿、梁君薌林、潘君海三而倡始，提其領者明君立峰也。未雨綢繆，有備無患，由是而間歲踵行之』。② 此二次修築，均非水災之後的修復，而是防範水災之舉措。咸豐年間之後，桑園圍由於有歲修款的支持，經常能够預先防範而非被動修復，這是其他基圍難以望其項背的。持續的歲修，一方面由於圍内高級官僚的持續支持，另一方面也反映了日益緊張的來自水文環境的壓力。本卷收録的《請示修築沙壩呈》、《府縣禁攔海築壩示》就是這種壓力下的産物。

較之之前的歲修志，本志有其側重與不足之處。由於同治六年局董潘斯湖、何子彬均突然去世，丁卯年歲需的『派支總數，未得其詳』。③ 明之綱接手之後，盧維球應該能拿到具體的章程、報銷册，但本志也只録其文書的叙述部分，没有附上完整的册籍。由於都是動用了歲修款，讀者可以對照歷次動用歲修款時産生之文獻，緣之對歲修款的動用、預算、報銷等程序可以有較爲完整的認識。此外，包括本圍志的歷次修志的預算章程與報銷文書中，都或多或少録有勞力工資、幾項建築材料的物價等材料，讀者可以摘録整理，有助於對晚清廣州地區經濟史的探討。

① （清）盧維球：《丁卯己巳歲修紀事》，載《桑園圍總志》卷十四，第一頁。
② （清）盧維球：《丁卯己巳歲修紀事》，載《桑園圍總志》卷十四，第一頁。
③ （清）盧維球：《丁卯己巳歲修紀事》，載《桑園圍總志》卷十四，第一頁。

總之，《桑園圍總志》的内容成於不同人之手，囊括了自乾隆五十九年至同治九年間桑園圍總局運作的主要文獻。桑園圍總局雖然專司修圍的事宜，一方面因攤派、歲修等緣故必須與官方保持緊密聯繫，另一方面因圍段的規劃需要與地方社會各種勢力進行博弈，由此産生的圍志則自然帶上了當時國家制度、地方社會結構以及各類經濟因素的許多烙印。可以説，桑園圍總志是具有持續性和完整性的地方檔案，是研究晚清制度史、社會史和經濟史不可多得的資料。

同治九年歲次庚午鐫

桑園圍總志

河神廟公所藏板

桑園圍總志序

桑園圍隄建始北宋逮明洪武季年陳東山叟修築全隄亦未纂輯圍志紀事厥後分修基段遇坍決按基址築復記載闕如也昔人論河渠謂繕完舊隄增卑培薄爲下策若桑園圍則不然東西基遵海捍築偶決依舊加修不與水爭地圍東南隅倒流港龍江滘兩水口不設閘陡水聽其自爲宣洩受水利不受水害亦地勢使然至今稱便乾隆甲寅圍決温貧坡少司馬倡議籌欵闔圍通修不分畛域工程最鉅圍志爰是創始厥後丁丑志繼之己卯志庚辰志又繼之嘉慶丁丑冬温少司馬復在籍請

督撫憲

奏准借帑生息爲本圍歲修專欵己卯之役實爲領歲修之嚆矢歷屆歲修皆有志紀實奏撥之摺請領之呈報銷之册莫不詳載以備徵考而圍志遂爲歲修必不可缺是歲經盧伍二紳捐銀十萬兩改建石隄歲修銀撥歸籌備隄岸欵項從此歲修暫歇已詳庚辰志內至道光癸巳鄧鑒堂觀察潘思園封翁援例案請

督撫憲

奏撥本欵而歲修復舊癸巳一志裒前志而集大成分類纂輯體例最善卽己丑伍紳捐貲修築摺册亦備載癸巳志中嗣是而甲辰志己酉志俱倣此迨咸豐癸丑歲

修甫竣未及紀事遽遭兵燹志板遂燬迄同治丁卯歷
十五年東西基多坍卸遇潦漲潰決可懼唯亂後帑本
息則經提用同治三年十二月
督撫憲撥還本欵銀貳萬貳千七百餘兩照舊發商生息
同治四年閏五月潘蓮舫侍御
奏請將本欵全數撥還年來
督撫憲均擬籌撥清欵旋於丁卯己巳頻年請領歲修前
後皆俯准發給應急紀以志併查癸丑檔冊補之諸君
子恐舊板無存圍志湮沒謀再付剛以甲寅志板最豁
目各志之大小參差者悉照甲寅志式翻刻重者刪之
缺者增之合而爲總志適盧明經蘷石與梁孝廉香林

同勷理邑志局務且圍例曉暢爰請其手校編定卷首特標列總目庶易於查覽焉

同治九年歲次庚午蒲月　明之綱謹識

桑園圍志總目

重修桑園圍志

桑園圍甲寅通修志目錄

壽陽全圖

同治庚午年繪

總圖 一

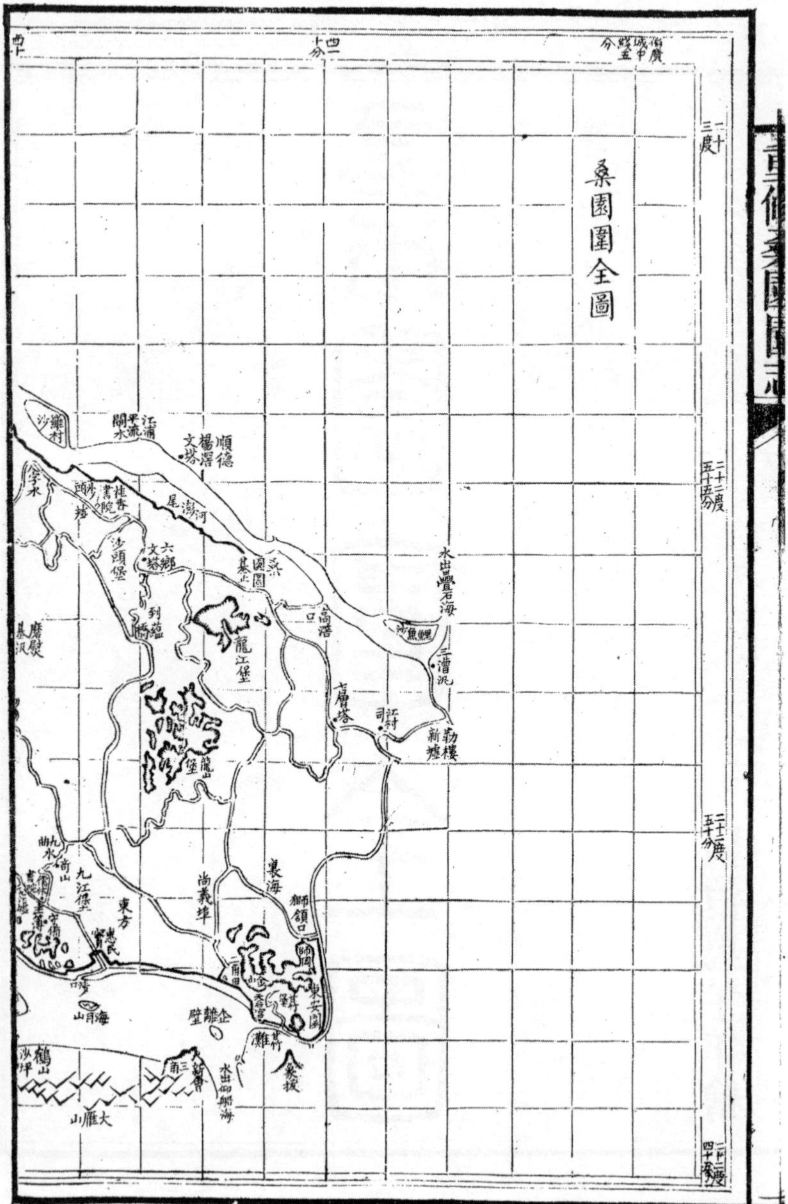
桑園圍全圖
廣州中線
四十分
二十三度
二十二度五十分
二十二度四十分
二十二度三十分
順德楊滘文塔
江浦平流閘水
河澎尾
桂香書院
沙頭堡
六鄉文塔
桑園圍基址
高滘口
龍江堡
龍山堡
鯉魚沙
水出疊石海
三漕汛
江村司
勒樓新墟
九江堡
東方
尚義埠
裏海
獅頷口
東安圍
甘竹灘
象拔
新會
水出仰船海
大雁山
海月山
鶴山沙坪

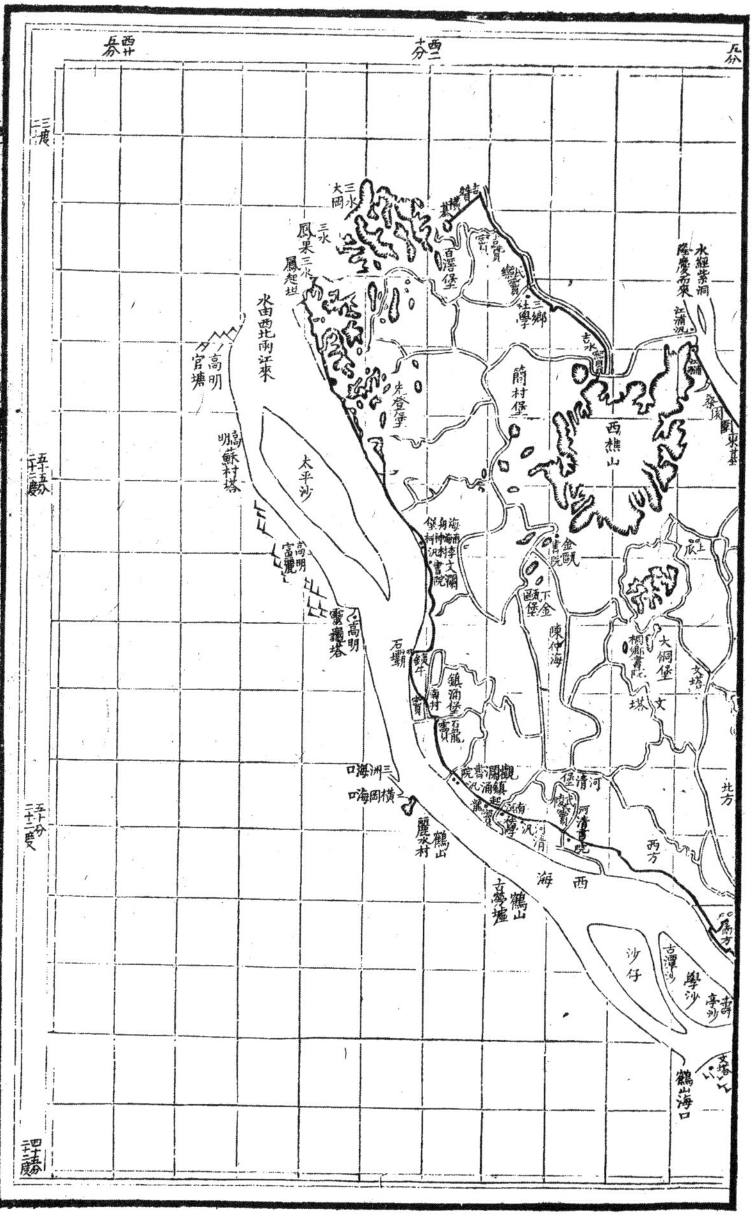
三水
大岡
鳳果三水
鳳起坦
水由西北兩江來
高明
官塘
高明
蘇村塔
太平沙
高明
富灣
高明
靈龜塔
石壩
三洲海口
橫岡海口
鶴山
麗水村
鶴山
古勞墟
西海
沙仔
古潭沙
學沙
亭沙
鶴山海口
百滘堡
先登堡
簡村堡
西樵山
金甌書院
下金甌堡
陳仲海
大同堡
鎮涌堡
河清堡
水經紫洞隆慶而來
桑園圍東基
文塔
北方
西方
南方

桑園圍舊有全圖泐石　河神廟門首但位置方向未盡符合適重修邑志聘鄒特夫徵君司圖繪事乃請其徒鄒子景隆周歷圍內各堡按丈尺界址別繪一圖泐石廟內復倣繪縮本列圍志之首

陳博民穀食祠記

南海廣之沃壤唯鼎安沿流西江自牂牁暨鬱林諸江並滙于梧合流經封康出高要峽蹌西樵山入海湍瀨衝激漲阡陌圮濱江民廬舍歲相望不絕民束手屛耒耜前代雖有堤防尋起尋伏不過踵白圭之餘法亙洪武季年九江東山叟博民陳君迺相原隰謂夏潦之湧勢莫雄于倒流港窒之必殺其流于是度以尋尺約其規矩簡易如指掌迺入京師稽顙玉堦下悉縷陳其便宜太祖高皇帝嘉之卽勅有司呼子來之民率疏附之衆屬博民董其役由甘竹灘築堤越天河抵橫岡絡繹亙數十里經始丙子秋告成丁丑夏是歲大稔民皆舉

手加額相慶曰帝德如天粒我蒸民萬世利也然非陳氏子勇于有爲則下民疾苦上何由而知乎今餒者有餘粟寒者有餘衣父子以樂室家以和無流離餓殍者倚誰之力也不有報德何以勸善乃相率鳩村建祠三間額曰穀食祠爲游息之所里人岑平漢等走隣壤新會請記于予予維洪範八政以食貨爲首管子五事以溝瀆爲先蓋溝瀆遂則食貨由是而出此王政之要農務之急司牧者之責也今博民無是責而能施政可不謂賢乎設使居其位任其責必能大有爲不失民望矣夫酬功報德士君子之心也二三子拳拳若此予不可不成人之美遂記其事而繼之以頌

天生蒸民稼穡是依疇昔洪水黎民阻飢禹稷既興萬世農師裁成其道輔相其宜水患既平百穀既生迺粒迺食迺安迺康後世有作孰繼其良堯佐于滑子瞻于杭彼美博民頡頏前人才堪撫衆志存濟民挾策獻納前席講論功加當時澤被後昆桑田滄海坐見遷改以耕以牧以勞以來萬寶告成三時不害紀績貞珉光于前載

新會古岡秫坡翁黎貞記

崇正十年丁丑歲仲夏吉旦重修立石

重修吉贊橫基碑記

葢聞善作貴於善成有舉期于勿廢凡經理之道皆然

況基圍之設所以捍水潦利

國家而庇民人者也莫爲之前雖美弗彰莫爲之後雖盛

弗傳我桑園一圍向無基址遇橫潦靡有甯居宋時始

于東西沿江建築圍基越數年復添築間堵橫基以除

水患前則有大憲何公張公規畫于上繼則有義士博

民陳公等踵修于下其中經理源流建修年月基址廣

狹高低上下界至詳勒前碑茲不具述保障無虞慶奠

安者三十七年矣今乾隆己亥夏五朔西北兩江水勢

浩瀚環繞通圍越五日三水波角崩陷湧漲下流初十

日吉贊横基水溢過面堵截維艱坍決三口計長三十丈有奇圍內早稻已收房屋傾圮指不勝屈十有八日各堡圖甲集儒村鄉佛子廟酌議堵塞得蒔晚稻緣以倉卒防衞未堅基址低薄呈　憲給示就近委員督築在南北田圳取土由近及遠復論糧均派每兩條銀起科銅錢三百五十文以爲基工費是歲十有一月初四日興工歲暮告竣半載經營乃得如前鞏固念始創維艱接修匪易遂將原創廟宇增以深廣前座禋祀　洪聖王後座奉祀丞相暨歷代先賢廟右搆小室一置田産募司祝俾歲時伏臘享祀無窮永誌甘棠之愛并將田産土名稅畝附錄于碑謹識

署南海縣江浦司候補州右堂蔡諱應芳
南海縣江浦司巡廳加一級陶諱秉鑑
總理
何鴻藎　劉仁魁　潘宗儒　趙符彩
曾翰元　譚昭和　吳章錦　戴斐章
潘健和　李殿昭
協理
吳佩熙　李貴參　關深和
里人傅雲山記

乾隆四十四年歲次己亥季冬穀旦立石

兩廣總督覺羅臣長
廣東巡撫臣朱　跪
奏為高要等縣被水現經查勘撫䘏據實奏
聞事竊查肇慶府屬之高要縣有端江一道受廣西貴
州湖南等處之水由三水縣會潮入海本年六七
月間西水較大東注會流勢頗浩瀚先據高要縣
知縣傅錫山稟報臣等即飭藩司委員會同該道
府縣確查妥辦據委員等稟覆水勢逐漸消退等
情茲于八月初一初二初三等日潮勢西漲與端
江之水迎面頂阻以致上流遏逼于高要地方漫
溢民田被浸房屋亦多塌卸幸水由漸長該管道
府縣于甫經長水之時即飛傳各處鄉約地保速

飭居民移避高阜是以並未損傷人口其盖藏米
穀搶獲者十之七八漂沒者十之二三又與高要
縣之接壤三水四會高明等縣亦有間被水溢地
方適臣長　赴廣西閲兵經過高要目擊情形棚
棲濕處當卽親加履勘飭令該府縣先行酌爲撫
卹不使稍有失所一面飛札知照臣朱　並據該
道府縣查報前來臣等伏查高要被淹田畝勢處
窪下恐一時不能全行消涸有悞晚禾且修葺房
屋築復圍基民力亦有不能兼及之慮合無仰懇
皇上天恩將被水貧民無論極次先行賞借一月口糧
以資接濟查係一隅偏災米糧尚不昂貴所借口

糧應請全放折色以便民用其冲塌房間照例查
明給予修費所有被水村庄本年應納錢糧及未
完舊欠請一并緩至來年秋後帶征如此辦理民
力自覺寛紓仰沐
聖慈實無既極至粤省天氣温暖菜蔬雜糧九十月間
尚可翻犂播種此處被水田畝能于秋冬之交消
涸罄盡民間尚可赶緊補種不致乏食倘有停淤
未消不能補種臣等屆期再行確勘情形核實妥
辦再廣州府屬之南海縣地居下流沿河一帶亦
有海潮頂漲之處臣等現飭委藩司陳　親赴各
處逐加查勘分别妥辦所需銀両撥欵動支核實

報銷一面飛飭委員會同該府縣確查被水村庄
戶口冊報俟三場事竣硃卷全進內簾後臣朱
卽親往高要督放借糧務俾實惠及民不敢稍有
勉爲之
濫遺以期仰體我
皇上愛民如子之至意所有查辦情形臣長　臣朱
謹據實會摺奏
聞伏祈
皇上睿鑒謹
奏乾隆五十九年八月初十日奏乾隆五十九年九
月十九日奉
上諭據長　等奏高要等縣被水查勘撫邺一摺內稱

高要縣端江水勢漫溢該管道府等於甫經長水之時即飭居民移避高阜並無傷損人口並親加履勘先行撫䘏等語高要縣因海潮頂阻被水淹浸其挨壤之區亦間被漫溢長　親赴該處目擊情形先行酌爲撫䘏朱　亦已親往查辦甚屬妥協又據稱冲塌房間照例查明給與修費並將被水貧民先賞借一月口糧等語該處民房猝被冲塌著加恩按例加兩倍給予修費以示軫䘏所有被水貧民無論極次俱着先行賞借一月口糧用資接濟並將被水各村庄本年應納錢糧及未完舊欠加恩緩至來年秋後帶徵俾民力得就寬紓

該督等惟當董率所屬悉心經理朱　現在親往
高要督放借糧務使小民均霑實惠毋使一夫失
所以副朕厘念民依至意欽此

廣東巡撫臣朱
兩廣總督覺羅臣長　跪

奏爲督放高要等縣被水村庄賞借口糧修費銀兩

據實奏

聞事竊查肇慶府屬之高要縣併接壤之三水四會高
明南海等縣本年八月初間西潦漲發漫溢圍基
田廬被浸據該道府縣查報經臣與督臣長　會

摺

奏懇

皇上天恩將被水貧民無論極次先行賞借一月口糧
其冲塌房間照例查明給與修費被水村庄新舊
錢糧請一幷緩至來年秋後帶征以紓民力在案

臣等隨飭委藩司陳　親往高要高明四會三水
南海等縣查勘坍卸房屋共大小瓦艸房屋五千
八百四十二間共給過撫䘏修費銀二千五百八
十四兩七錢五分又勘得南海縣之桒園圍現據
各業戶趕緊修築晚禾補種十分之六勘不成災
稟報到臣臣等一面分委各員會同各該府縣確
查高要等處被水村庄貧戶丁口散給印票於適
中之地分設廠所造具印冊申繳前來臣朱　隨
於八月二十六日前往三水縣督放王公等圍貧
戶七百三十九戶折實大口一千八百八十四口
半復巡查高要縣迎因等四廠大灣等二十一圍

親身督放貧戶一萬七千八百九十八戶折實大
口三萬零七百七十三口又委廣州府知府朱棟
連州知州趙鴻文分往四會高明縣會同肇慶府
廣玉督同各該縣同時查放內四會縣共貧戶二
千四百八十一戶折實大口三千二百零七口半
高明縣貧戶二千三百二十一戶折實大口四千
九百七十九口以上四縣共折實大口四萬八百
四十四口每口借給口糧銀一錢五分共賞借過
口糧銀六千一百二十六兩六錢臣認真督辦不
使胥吏冒混實惠俱已到民各貧民莫不歡欣跪
領感戴

天恩同呼
萬歲臣查放事竣於九月初三日回省順道查勘南海
縣屬之桑園圍等處情形實屬勘不成災至各該
縣被水村庄應緩征新舊錢糧飭令藩司陳　詳
悉確查核實造冊咨部辦理外查現在天氣晴霽
將及半月漲水逐日消退各業佃陸續赶種晚禾
穕糧得此糧銀接濟實可同沐
皇仁不致一夫失所所有督放高要等縣賞借口糧并
坍房修費銀兩查辦緣由臣朱　謹會同兩廣總
督臣長　據實恭摺奏
聞伏乞

皇上睿鑒謹　奏乾隆五十九年九月十二日奏十月

二十一日奉

硃批覽奏稍慰欽此

通修桑園圍各隄碑記

南海鼎安都去縣治西南百二十里西北兩江環左右流號稱澤國有桑園圍各堤捍西江中塘圍各堤捍北江延袤幾萬丈周迴百有餘里兩江中獨西江稱湍悍每夏潦暴漲挾滇黔交鬱諸水建瓴而下民惴惴焉以昏墊爲患故桑園隄工爲最要隄之始相傳創自北宋然書闕有間明洪武中曾遣使修天下水利越二年鄉人九江陳博民走京師伏闕陳便宜詔報可爰命有司修治卽以博民董其役自甘竹灘築隄越天河抵橫岡綿亘數十里新會黎貞嘗記之嗣是而後潰決不一重則

董之于官輕則役之于民永樂乙未成化壬寅乙
巳並決嘉靖乙未決時御史戴景奏請蠲賦萬歷
丙戌總督吳文華疏請減租至丁酉復決已而海
舟堡下隄爲怒濤激齧文學朱泰等籲請制府護
築新隄隄成越七年己未而舊隄潰卽今三丫隄
是其故址崇正辛巳大路峽決丹桂十餘堡悉被
淹浸邑令朱光熙捐俸請賑並請當事助工修峽
明年復捐修鎭涌堡南村各隄二千二百餘丈逮
至我
朝順治四年康熙三十一年三十三年並決而三十
三年奏免錢糧三分之一先是雍正五年總督孔

公毓珣奏請基圍之務責成于官或動帑修葺或
督率培補大中丞傅公泰以海舟堡之三丫隄最
衝極險發帑采石修築歷癸亥己亥及甲辰隄之
以決告者復屢矣予奉
命擢藩東粵甫越月而桑園圍又以決告余親歷勘視
各隄潰決計二十餘處而李村決口長百數十丈
尤難施工既申請督撫兩院
奏准撫卹并酌量緩征亟籌所以塞之者適在籍翰
林院編修溫君汝适暨二邑士民旋以修復請謂
是隄自明初至今四百餘年潰決無慮十數皆塞
此決彼迄無成功欲圖久安非通修之不可予曰

此百年之利也當爲諸君亟成之太夫人聞之喜出百金助工曰是功德之鉅者其以此爲善事倡時南海令李君橒署順德令王君志槐同廑民艱屢赴工所開誠激勸感動輿情尅期集事乃設局修築而以太學生李肇珠等董其役措理規畫則有何君𤁠洲往來營度相視則委之九江主簿嵇君會嘉江浦巡檢司呂君濼先塞李村决口餘東西圍並次第施工卑者築以土激者捍以石畚鍤如雲登馮相應逾年而事竣二邑之士請余爲之記昔人論河渠謂繕完舊隄增卑培薄爲下策然鄭白之沃衣食之源渠堰節宣所以除害而興利

管子五事以溝瀆爲先詳哉言之矣矧鼎安一都號稱沃壤自宋迄今世族大家田疇廬舍于是乎在其根蟠蔕固比族而居大者輒逾萬人次亦不下千百莫不世享其利安土重遷一遇潰決則數十萬戸之人屏息失措靡有寧居是不得不與水爭尺寸利迺若陰陽災祲端賴人事爲之補救朱子不云乎知所先後則事有序捍災禦患夫豈一端而已哉且各堤分隷諸鄉舊章無改茲以通修全隄曠四百年而一舉酌緩急之宜通融挹注闔圍十數堡能者任力富者任財黽勉同心不分畛域此固足以驗人情之大順良由涵煦乎太和優

渥之化故人敦禮義戶誦詩書仁讓雍容蔚爲首
郡之望余亦得與兩邑之士樂觀厥成其鄉鄰風
俗不可謂不厚矣是役也經始于甲寅年冬十月
告成于乙卯年七月醵金五萬有奇凡官吏之捐
廉鄉人士之捐助暨各堡分理諸人名氏有功兹
隄堪垂不朽者並載碑陰
賜進士出身廣東布政使會稽陳大文記

記通修鼎安各隄始末

南海縣治西南百餘里有都曰鼎安其堡凡十有八當順德未置縣時龍江龍山皆鼎安屬也有大山中峙曰西樵有大江環左右流曰西江北江有大隄捍江水由來舊矣瀕江地卑下其始各圍渾成田圍卽堤也其後連十數堡之圍爲一而渠堰之利遂廣此鼎安全圍所由始也全圍周回百數十里當水暴漲時各堡捄護首尾不相應自築吉贊横基各堡稱便今自吉贊横基起左右繞西樵接順邑界者其名有四曰桑園圍曰甘竹雞公圍所以捍西江也曰沙頭中塘圍曰龍江河澎圍所

以捍北江也桑園圍長六千二百八十餘丈今工程册作九千餘丈先登海舟鎮涌河清九江大桐金甌簡村雲津百滘十堡所築中塘圍長一千八百八十八丈沙頭一堡所築接中塘圍者爲河澎圍長四百八十五丈龍江一堡所築接桑園圍者爲雞公圍長二百六十丈甘竹一堡所築皆詳載各邑志其險要西則海舟堡之三丫基等工爲極險東則沙頭韋駄廟等工爲次險亦詳載南海志其建置故老相傳桑園圍始宋仁宗至和嘉祐間何公執中所築舊有祠在河清祠已圮獨故址存然宋史本傳執中相徽宗在大觀政和間與所傳異至明初

陳公博民謂夏潦之湧勢莫雄于倒流港窒之必殺其流遂自甘竹灘築隄越天河抵横岡連亘數十里事詳穀食祠記俱載郡志此其創始之大略也自甘竹灘渡江新會界有天河横岡但据此文勢天河當即南海之銀河横岡當與百滘堡相近倒流港据南海志明末曾於倒流港樹椿今九江龍山交界有水名倒流未知即此港否至修築章程凡歲修及小冲决培築皆附隄之堡分段專管遇冲决過甚需費浩繁始派之圍衆惟吉贊横基係十堡同修然西圍不派東圍南順各不相派向例然也其散見于文字碑記可据者若永樂十三年海舟李村圍潰十堡修復萬歷四十年海舟舊隄被水冲割庠生朱泰等謂其地爲河伯所必爭呈制

府另築新隄皆十堡計畝沠築乾隆四十四年吉贊橫基決三十餘丈亦論糧均沠刻石洪聖廟中四十九年李村決八十餘丈各處亦多潰決均照舊章修復四百餘年相沿成例各堡斷斷謹守尺寸不踰此其最著者也五十九年六月西潦大至東西圍坍決二十餘處而李村衝潰百數十丈九江大洛口裡外圍俱多潰決則皆十年前甫經堵築處圍內田全浸水四旬不退及八月水落李村三姓相率求助各鄉多遲疑不應于是龍山堡集鄉約議曰桑園圍潰決雖南海專責然李村一隅冲決至再度其力不克舉卽或勉强從事恐工程

不堅固前事不忘可無設策且明初至今閱四百
餘年亟宜通修以期鞏固既名通修即可通融捐
助俟工竣乃申明舊例以專責成自不致推諉貽
誤余兄熙堂與陳君鼇麓咸韙其議先是偏災甫
報
大司馬長公
大中丞朱公親臨廣肇各屬勘視專摺
聞請
旨分別賑卹緩征余九月到郡城謁謝并請通修桑園
圍捍西江爲一勞永逸計
中丞詢問甚悉曰此守土之責也然工費浩繁宜

與各鄉人妥議聯呈請修官爲董勸可也時兩邑人士多在省會酌議連日皆曰須各鄉齊到妥議乃可余兄聞之即先札知各鄉幷偕陳君自甘竹灘沿堤行數十里至李村時各鄉到不及半余袖議稿付南邑諸君曰大憲軫念甚殷吾輩當勉爲桑梓計十月初旬南邑諸君再訂期會議至則何君瓛洲已妥定章程先期一日南邑十一堡俱因糧定額議認捐三萬餘兩矣盖額以糧定實由殷富捐貲足額章程最妥然各堡畏難仍未即領簿至沙頭龍江甘竹皆觀望不到則拘於舊例故是月南海縣尹李公諭開局李村遴選公正諳練數

人爲總理各鄉公推李君昌耀等董其事復勸諭丁寧尅期先交一半以應要工又議凡各圍有應修工程報局彙估仍派鄰堡協修以昭公允會是歲歉收以工代賑日役數千人趨事恐後時則方伯陳公諄諭各屬剴切周詳令小康者按畝派費富厚者從厚捐貲尤留意于桑園圍則以西江全勢所趨勘災時親臨閱視洞悉情形念億萬家糧命攸關補救不容少緩疊委賢員以時董率自郡太守暨兩縣大尹莫不簡傔從詢民瘼惠心所孚百廢具舉遂先築復李村并各決口餘險要單薄視緩急爲先後以次繕完今年春緩征錢糧奉

特旨加恩轄免里民歡呼載道共戴
皇仁東作方興千耦齊出而各堡陸續興築登馮相應
欣欣然有安居粒食之幸矣旣南邑認捐三萬餘
順邑議捐一萬至閏二月初旬僅繳十之八而水
潦將至費將不敷于是
方伯檄縣十日一親催邑侯王公約三堡皆會總
局至則合兩邑人士定議加捐遂定順邑一萬五
千南邑三萬五千合成五萬之數卽詳准
上憲催繳然後鉅工始克全竣盖此圍會於雍正
五年
奏准官爲督滲是以上下相孚因勢利導動則有成

勞而不怨不如是渙而易散其不同築室道謀者鮮矣而總理諸君措置得宜心力泥瘁甫於首夏蕆事而西潦洊至屹然若金堤之固恃以無恐闔圍十數堡莫不欣躍過望非甚盛事耶余幸陪末議慮日久無以徵信言媿無文語期摭實亦使後之君子知圖始綦難成功不易而相與保守於無窮庶桑梓數百年之利將在是矣至善後事宜定于一時而持之經久未雨綢繆事半功倍防蟻漏以固苞桑尤吾人所宜三致意者已

翰林院編修溫汝适記

通修全圍節畧

事苟可垂久遠而缺畧弗傳則後之人欲採遺文以尋軼跡往往失所考據而致歎無徵卽傳矣或所聞異辭則疑以傳疑因而滋惑又不若身親其境者之切實而可信我圍以桑園稱素號殷庶父老相傳始于宋代周匝百有餘里內載貢賦五千一十有奇圍左右環西北兩江西江發源牂牁合瀟灕抵端州繞圍之西而注于崖門大海北江發源湞水合武湟至三水會流過圍之東而出于虎門歲遇夏潦兩江齊漲汪洋澎湃震目駭心沿隄晝夜防護莫敢少息然長隄延袤一萬二千餘丈

偶值水勢洶湧人力難施卽有漫溢潰決之虞故圍之潰者非一俱旋潰旋修止及一方一隅塞此決彼卒鮮善策乾隆甲寅季夏潦泛逾常秋七月李村隄決一百四十餘丈圳口大洛口仁和里等處先後坍決二十餘處陸沉數十里居人靡有寧宇旣水退圍衆議修紛紜不一何君璥洲謂欲圖鞏固必須通力合作方可一勞永逸議以按糧起科之外量力僉題遂條列章程允洽輿論適

太史溫公篔坡中書溫公熙堂陳君鼇麓至自龍山會同我邑孝廉潘公吉士暨諸紳士集議已定設局于李村基所遴推總理以肇珠等應其選自

揣弇陋辭不獲命用是黽勉圖維夙夜罔懈復酌
量各戶堡分之大小每堡舉公正者三四人分任催
收及修築事宜隨蒙
列憲捐俸以爲之倡各堡因而踴躍
藩憲陳大人復選派老成吏書梁君殿昌回鄉察
看備悉情形轉達隨時訓示而廣糧分府劉公暨
我邑侯李父臺順德縣王公數往來相視我邑侯
又專派家丁在局督催復委九江分縣嵇公江浦
司呂公協同經理不辭況瘁爰得購料鳩工畚挶
紛作先其要害將李村决口築復次及全隄靡不
高其卑厚其薄險者防之圮者補之經始甲寅仲

冬閱乙卯孟夏告竣計工費五萬餘金衆謂救災
備患固以人事爲先而名山大川必藉
神靈鎮奠
南瀆尊神聲靈赫濯吾粤受
蔭尤爲顯著亟宜崇祀以肅明禋乃另設簿勸捐擇
地于李村新隄之傍創建廟宇以迓
神庥廟成蠲吉呈請
藩憲率同
郡伯分府南順三水各邑侯詣廟拈香隨沿隄履
勘謂三丫基等處最爲頂衝應需培石方可無患
允以再爲倡捐復簽得銀九千餘兩于乙卯冬月

將應砌石之處分别加築完固追惟始事端緒棼
如工繁費鉅期不轉瞬深懼無以副諸鄉先生委
任重心今日告成固由
列憲慈惠之心有感斯應而何君瓛洲始終維持
規畫盡善梁君殿昌左右贊襄余等隨事獲益得
以藉告無過者不可謂非幸也既畢役若不詳爲
紀載誠恐代遠年湮故老云遥後有作者欲訪故
實無由悉其梗概因序厥端末開列工程叚落附
以圖說以俟大雅君子而就正焉謹記

金甌堡岡邊鄉余殿釆

海舟堡田心鄉李昌耀

海舟堡滘邊鄉梁廷光

仝記

九江堡北坊 關秀峯

修築全圍記

嘗考河渠治法千古紛紜因時變通固未可盡拘成法然必須熟究於平時方可取辦於臨事至欲萃衆力興鉅工則非有以順乎人情不可善世居南海鼎安都之鎮涌堡石龍村實隸桑園圍圍有基即隄也與河渠之堰無異圍內烟戶數十萬家田地千五百餘頃圍兩旁環繞大河在左者爲北江在右者爲西江波濤浩瀚每當夏令潦水驟漲洶湧震蕩全賴圍基保障得之故老傳聞圍始自宋仁宗朝欽差工部何公執中所築河清隄上舊有何相公祠已圯故址尚存逮明初修水利九江

鄉人陳公博民伏闕陳請自甘竹灘起築隄越天河抵橫岡綿亘數十里事詳郡志厥後屢潰屢修俱僅隨時堵塞補苴罅漏歲久基漸卑薄乾隆八年癸亥李村海舟基決尹方髫齡目擊昏墊念非大修徒滋糜費而有志未逮及長旅食
京師道經黃河悉其修築之法固非尋常工程可擬而於險要情形或分流以避水勢或加土以固隄防因地制宜理無二致歸而以暇遍歷全圍默誌險易籌議章程間與鄉人言之時方平安無事未有以應也嗣就外郡縣聘及移榻廣州汲汲未暇而此心無日或忘會甲寅歲夏六月西潦大漲益

以北江水勢異常七月五日本圍兩岸冲鈌坍陷
者無慮數十處而李村基決口一百四十餘丈圍
內田廬淹沒梓里之人巢棲露宿靡有寧居圍形
如箕順德之龍江龍山甘竹三堡住當箕口勢處
下游被水爲尤甚仰荷
列憲臨勘撫恤奏蒙
恩旨加賑緩征并奉
憲檄頻催修築而村落散處言人人殊迄無定論
予謂欲圖一勞永逸必通力合作乃有成功若稍
遷延轉瞬交春雨水一至即難集事顛連在目不
啻剝膚遂分遣子姪邀南順兩邑紳士至會垣商

議通修而各鄉以道遠或有未至十月初旬尋偕
諸君歸里至麥村之文瀾書院聯集各鄉紳士定
議按糧起科之外量力捐題發簿認簽俾無推諉
并酌以修築規條章程甫定次日
太史溫公質坡中翰溫公熙堂暨陳君鼇麓由龍
山踵至亦以通修爲良策詢謀僉同會計工料需
費約五萬餘金南邑堡分較多認捐十分之七順
邑堡分畧少認捐十分之三是月南邑侯李公諭
令開局李村遴選數人總理收支一切衆推李君
昌耀等董其事仍每堡各派三四人在局贊襄以
昭平允隨蒙

列憲分俸倡捐各堡相率樂助
藩憲軫念倍切復選派老成吏書梁殿翁徃來察
看曲達民隱廣糧分府南順兩邑侯暨九江分縣
江浦巡政廳嵇呂二尹時至工所多方董勸不辭
勞瘁由是輿情踴躍莫不趍事爭先是歲歉收以
工代賑野無饑色先將李村决口築復其餘通圍
無論坍卸次第舉修凡有單薄浮鬆低陷一律培
厚築固增高間有未盡事宜諸賢就予詢焉悉心
商確期於至當并親歷相度務求料實工堅七閱
月而全工告竣適夏潦洊至全隄鞏峙咸樂安居
早稻幸獲豐收快覩成效闔衆忭慰因念鉅工克

蔵固沭
列憲恩膏而河流順軌實賴
神靈默貺允宜肅祀仰荅
鴻庥合議另行設簿簽銀于李村基所創建廟宇崇奉
南瀆尊神以資鎮奠落成之日
藩憲率同
郡伯暨分府南順三水各邑侯賁廟燒香以予及
任事諸公與有微勞賜匾褒嘉復沿隄履勘俱各
完固惟頂衝之三丫基等處應需培築諭令籌辦
許再捐俸佽助仰惟
憲恩有加無已衆心倍形鼓舞約計石工需艮九

千餘兩南邑各堡按照原額加二添捐銀六千三
百餘兩兩龍甘竹續襄銀一千四百餘兩埠商義
士簽助銀一千三百兩有奇購備石塊于乙卯冬
月分别叚落堆砌完成而所以善其後者亦復條
議呈明勒石今日者羣歌樂土共慶安瀾亦足見
人情之不甚相遠而鄉鄰事尚可爲矣惟是常人
之情每多切於危亡而忽於安樂所望留心世務
明理通達之士事未至而先爲之防事既至而急
爲之計同患相恤和衷共濟慎勿稍分畛域坐視
稽遲致滋貽悞成式具在非云信以傳信令人膠
柱鼓瑟實欲後起者斟酌損益於其間以歸盡善

而垂久遠是則區區之意與長隄眷念于無窮耳
榕湖老人瓛洲何元善記

闔圍公記

水利隄防關係

國計民生其權端自上操之然在下亦必有人焉分任其勞則事方易集而尅期可以立效此其人必有卓越之識歷練之才堅忍不拔之操乃能出其身以任衆人之事而非泛泛焉輕嘗淺試之所得僥倖萬一今於通修桑園圍而知事在人爲周禮任恤之訓不絕於鄉閭百姓親睦之風不異於古所云也我等桑園圍地枕沿河爲西北兩江水道必經之所環樵陽平原沃野全址俱隸南海先是無隄防鄉之民散處高阜架木巢居歲視旱潦以

爲豐歉一遇積雨洪流氾濫田原胥淹溯其建圍之始文籍無稽聞諸故老云宋朝有官廣南路憲張入粵道出九江適當水發目睹居民巖棲露宿抵省後即諭縣傳集里民籌建基隄以防水患題奉俞允差工部侍郎何公執中動項興築本圍東自吉水上金鷄坦起下至晒罟墩止西自鳳窩界起下至甘竹止俱築土隄捍護田宇底寬十二丈面寬六丈圍形如箕箕腹在北箕口在南即甘竹與龍江龍山三堡地方爲下流宣洩之區隄工三載告成河清隄上向有何相公廟歲久傾圮藤蔓叢生故址巋然尙存苐與志乘所載不同越四年

大路峽決漫及本圍因添築吉贊橫基以禦上流
自是圍基工程歲修小決責成附近居民大修派
之通圍惟吉贊橫基不問工程大小俱係全圍合
力修築由來舊矣自宋以迄元明坍修不一洪武
之季九江陳先生博民憂狂瀾爲患挾策鳴諸朝
勅有司相度興修乃道溝瀆完隄防起天河抵橫
岡綿亘數十里事竣衆立穀食祠于九江閘口歲
時奉祀以報厥後一決於永樂乙未再決於成化
壬寅乙巳迨嘉靖乙未萬歷丁酉又兩次報決而
海舟堡下隄湍激陡立勢難久支文學朱泰等籲
請制府于海舟界下加築三丫隄隄成垂七載而

舊隄決崇正辛巳大路峽又潰水勢建瓴下圍圍
被災邑宰朱光熙躬親撫䘏發粟請賑並請當事
將峽與隄先後捐修㬌泰初年添建順德縣始割
兩龍甘竹三堡分隸順邑至
國朝順治四年康熙三十一年三十三年本圍並決
雍正五年
督憲孔公毓珣奏請圍基之務責成于官動帑修
葺或督率培補大中丞傅公泰發帑采石將海舟
堡三丫基修築歷乾隆癸亥己亥甲辰屢被冲決
經義士馮大成等董理築復詎五十九年甲寅六
月水勢逾常七月五日西北兩江同時並漲圍基

多潰本圍東岸藻尾林村西岸太平李村九江等
處俱冲陷而李村缺口一百四十餘丈圍內田園
廬舍盡遭汩沒蓋自有圍基以來水患未有如此
日之大者也仰荷
列憲軫念民依臨勘撫卹奏奉
恩旨加賑停征至優極渥並蒙
憲諭頻催籌議修築衆人非不知各有身家無如
水患之後物力爲艱又或以塞此決彼徒滋糜費
心懷觀望鎮涌堡石頭村何君瓛洲素稱練達早
有通修之議平居無事未有以應殷憂獨摯至是
復申前説時兩龍甘竹三堡未至衆初疑其畛域

之見惟念同圍即如共井譬之同舟遇風存則俱存溺則俱溺況彼勢處下游被浸尤深此不以鄰爲壑者豈其翻同視越人之肥瘠此乃必無之事盍姑待諸何君謂冬晴不築春雨一至智者無所用其心勇者無所施其力宜先定章程以便商確庶不等於道旁之築室衆必允服遂議以按糧起科之外量力僉題措列規條若綱在綱次日温太史質坡中翰熙堂陳君鰲麓適至見章程欣然曰此固余等三堡之願也因定議設局于李村基所公舉太學生李君昌燿等四人爲總理毎堡遴選誠信者三四人勸僉催收基分段落工別緩

急公第舉行旋蒙

陳藩憲章太夫人先捐白金一百兩

陳大人捐俸銀二百金以爲善事倡

郡伯縣尊相率樂助各堡聞風捐輸恐後

藩憲憂勞倍切以老成吏書梁君殿昌籍隸本圍

周知情形諭令回鄉詢求民瘼許陳便宜下情得

以無隱而

廣糧分府劉公毓秀暨我邑侯李父臺櫺署順德

縣王公志槐數往來相視不煩不擾我邑侯又專

派林內司駐局督催復委九江分縣嵇公會嘉江

浦巡廳呂公灤協力經營所以勤勞者備至圍衆

不勝踴躍始于是年十一月望後分設篷廠購料鳩工時當歲歉四方雲集日役千餘人貧赤藉以存活者無算先築復李村決口餘亦以次躉修通圍基身一律培築高厚沿河沙坦陡卸處所用石砌護于次年夏月工竣而潦水洊至得慶安瀾兼獲豐收羣歌樂土議者謂人事經畫

神貺彌昭遂另設簿勸捐在李村墟新隄之傍創建

河神廟崇奉

南瀆尊神俾資芘蔭旁供

列憲長生祿位藉申愛戴廟宇成日

藩憲率同

郡伯分府南順三水各邑侯詣廟祐香按隄巡歷
慰覽久之以何君及任事諸賢勤能可嘉賜匾褒
美復謂三丫基等處尤爲頂衝宜添石以期益堅
許再捐廉相勗復僉題得項購石分別培築完固
并酌議善後事宜具呈詳准勒石夫以長隄綿邈
自明初大修之後歷年數百日漸坍頹加以水患
頻仍支持匪易迺能萃衆力興鉅工轉殘缺而復
堅完全圍屹然如新實曠世而一舉顧不偉歟凡
此皆由
皇恩浩蕩
列憲深仁上下交孚因而圍之人觀感奮興趨事

赴功無分異地不約而同此以見桑梓之誼淳風未泯而何君爲之挈領提綱與在事諸君雅意綢繆戮力同心經理得宜使非清操自勵識裕才優爲衆望所歸而能致然耶用是縷舉實蹟詳敘事功俾後之覽者有所觀法知衛人卽以自衛遇有修補繼起爭先其爲永固利賴億萬年如一日矣至僉題姓氏及經費一切另載碑冊謹記

乾隆六十年　月　闔圍紳士公記

桑園圍全圖

乾隆甲寅年繪

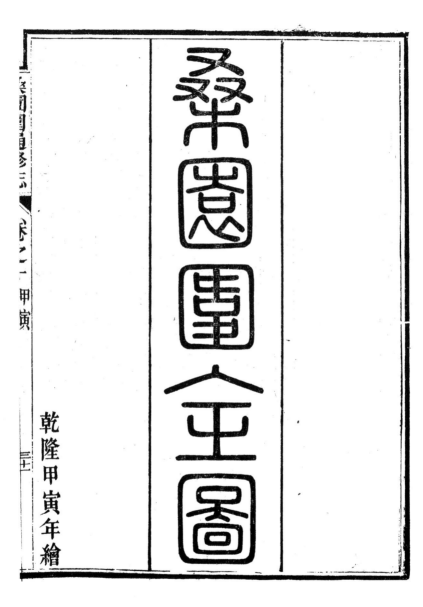

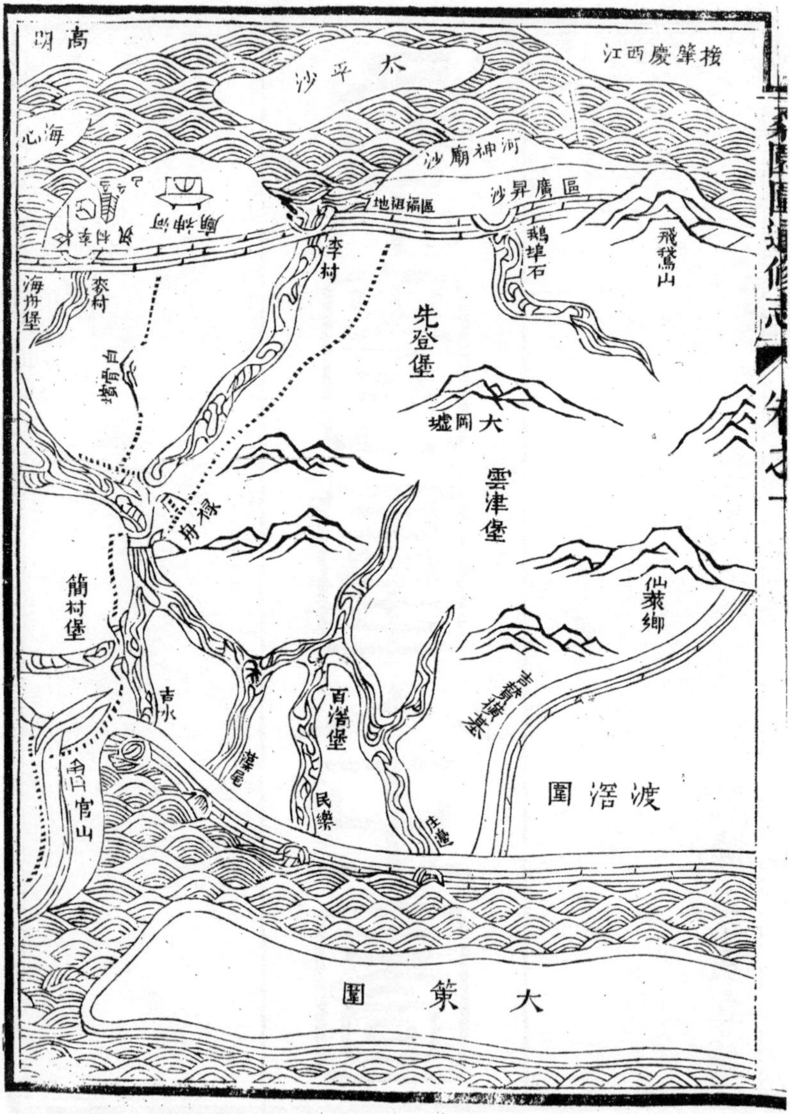
高明
接肇慶西江
太平沙
海心
河神廟沙
區廣昇沙
區福祖地
李村
鵝埠石
飛鵞山
海舟堡
麥村
先登堡
大岡墟
雲津堡
仙萊鄉
簡村堡
吉水
百滘堡
民樂
渡滘圍
官山
大箕圍

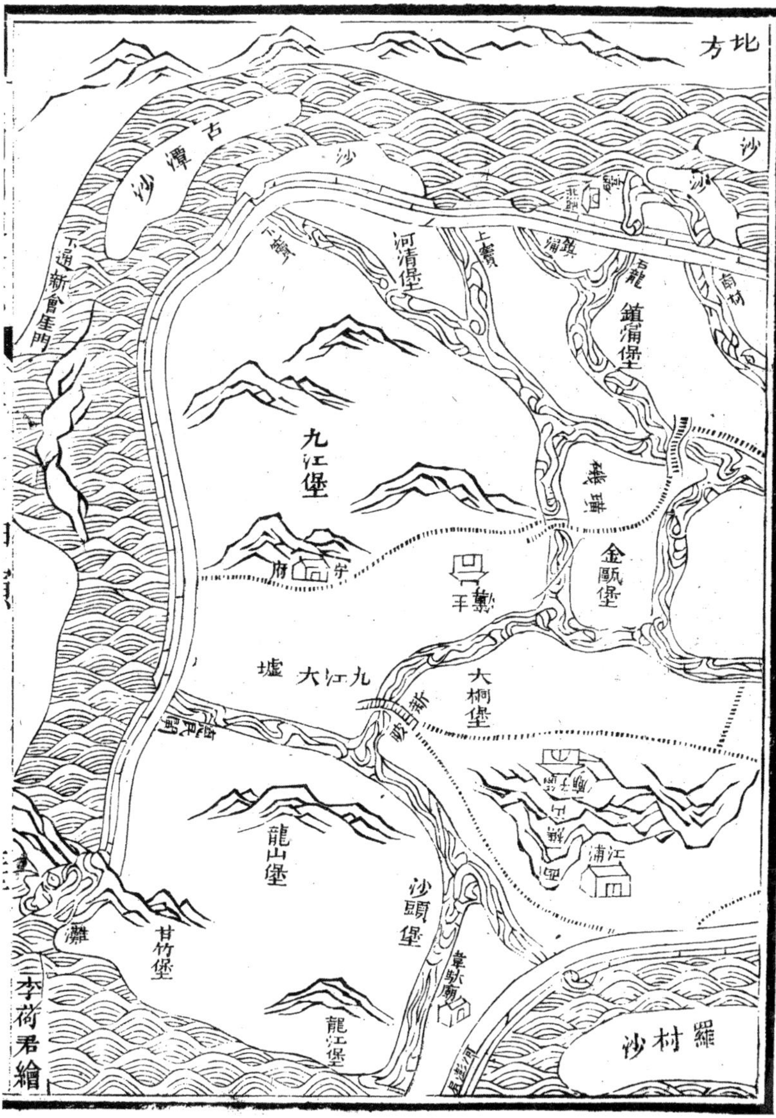
北方
古潭沙
沙
下通新會厓門
河清堡
上寶
鎮涌
南村
鎮涌堡
九江堡
金甌堡
九江大墟
大桐堡
龍山堡
沙頭堡
甘竹堡
龍江堡
羅村沙
李荷君繪

桑園圍通修志 卷之一 冊前 三十

圍內各堡村庄竇穴經管基址丈尺

先登堡村庄

鵝埠石村　茅岡村　稔岡村　圳口村

橫岡村　太平村　新羅村

竇一穴

在鵝石陳軍涌

堡內管基一千一百八十五丈八尺五寸

海舟堡村庄

李村鄉　麥村鄉　海舟鄉　田心鄉　新涌尾鄉

槎潭鄉　新村　沙尾鄉　良田鄉

竇二穴

一在李村黎余石三姓基內
在麥村梁萬同基內
堡內管基一千三百零一丈一尺
鎮涌堡村庄
南村鄉　南村沙鄉　石頭村　沙田村　鎮涌鄉
燕橋鄉
竇三穴
一在南村尾
一在石龍村尾
一在鎮涌村尾
堡內管基一千零一十二丈

河清堡村庄

河清鄉　璜璣鄉　丹桂村　南水鄉　蘇族村

竇二穴

一在河清村頭

一在河清村尾

堡内管基一千一百五十四丈二尺

另外圍基三百七十七丈五尺

九江堡村庄

東方

西方

南方

北方

竇一穴

在南方閘邊市

堡內管基二千九百零五丈七尺

另外圍基一千六百七十一丈六尺

甘竹堡村庄

甘竹鄉

竇無

堡內管基二百六十丈

百滘堡村庄

沙東鄉　黎村　吉贊鄉　庄邊村

竇一穴
在庄邊村
堡內晉基二百零二丈五尺
雲津堡村庄
雲滘鄉　林村　藻尾村　仙萊岡村　曾邊村
石邊村　西岸村　竹園村　黃牛岡村　多墩村
竇二穴
一在藻尾村
一在民樂市
堡內晉基一千一百四十二丈七尺
簡村堡村庄

吉水鄉　凍頭鄉　龍凍鄉　簡村鄉　耕涌鄉
莫家寨　倫家寨　凰岡鄉　緣洲鄉　高洲鄉
西湖鄉
竇一穴
在吉水西樵山腳
堡內管基五百六十五丈五尺
龍津堡村庄
坭邊村　沙邊村　逕邊村　寨邊村　山根村
岡頭村
竇二穴
一在

一在
堡內晉基六百二十三丈
沙頭堡村庄
沙涌鄉 石井鄉 老村鄉 北村鄉 水南鄉
石岡鄉
竇一穴
在北村前
堡內晉基 千八百八十五丈九尺
龍江堡村庄 龍山堡村庄
龍江鄉 龍山鄉
竇無 竇無

堡內管基四百八十五丈

大同堡村庄

大同鄉　蜆岡鄉　田心村　下田心村　石龍里村

鬧邊村　廖岡村

竇無

基無

金甌堡村庄

儒林鄉　岡邊鄉　小儒村　霍岡村

竇無

基無

布政使司陳
督糧道吳　爲勸諭合力捐貲修築基圍以衛
田廬以保身命事照得粤東民修基圍工程小者
責成該管居民工程大者泒之通圍業户久奉
部行遵照在案茲查南海縣屬之桑園圍綿亘數
十里當西北兩江滙流之衝圍内百萬家烟户田
廬全資保障實爲基圍中最大之區本年七月内
潦水漲發該圍被决多處經本司親臨查勘大率
由基身年久就頽歲修工料草率所致茲屆冬晴
水涸亟宜籌辦興修現據南海縣呈送縣屬紳民
與順德縣龍江龍山等鄉紳民公議勸捐及辦理
各章程並據紳士陳文耀潘吉士等具呈前來細

加核閱具見各紳民篤念梓桑綢繆捍衞之至計
惟是工程浩大需費繁多必得人人奮勉踴躍捐
輸抑且慮始圖終萃而不渙方可尅期集事聿觀
厥成本司道現與該府縣各自捐廉倡率肇興鉅工
合行剴切曉諭爲此示諭該圍業户居民及南順
兩邑紳士等知悉爾等或田廬附近基圍或產業
毗連鄰境目擊切膚之災每有下游之患當思利
害切身趂此水涸冬晴作速捐金修築小康者照
例按田派費富厚者量力從厚捐貲一俟捐有成
數即彙交董事刻日鳩工辦料將決過基口先行
築復其餘通圍基身低薄者加增高厚浮鬆者夯

築堅實務期一律鞏固從此共慶奠安事竣之日
本司道查明捐金數目及在事出力之人詳請
院憲分别給匾以彰勸善奬勤之義特示

乾隆五十九年十一月二十一日示

勸捐修築引

竊惟拯溺救災咸稱義舉樂施好義群頌仁聲矧夫患及里閭禍連比戶更應同井相卹急籌保安者也某等桑園圍乃闔邑最大之區接連順德兩龍甘竹每歲西北各江潦發洪流湍激洶湧殊常全賴基圍以資保障田園廬墓人物生息藉以康甯顧自宋朝創建以來繼歷洪武修築之後越年久遠日就坍頹兼以淤積坭沙未能宣暢因之水長基壞泛濫爲殃計自乾隆己亥甲辰以迄今歲甲寅僅歷一十五年潰決已及三次通圍原日基址高者二三丈不等而水勢倍長竟逾基面尺餘

計一圍之內東則庄邊林村民樂市藻尾西則圳口李村大洛口仁和里上下共連決一十餘處週迴百數十里淹浸兩月有餘又值霪雨匝月兼旬巢棲露宿舉目傷慘實從來所未有者也在該管各基未嘗不臨時搶救然非常水患實非倉卒所能防其李村之基曾經甲辰甲寅兩度冲缺李村修築已竭經營以强弩之餘當滔天之勢是以潰決較他處更寬而修築亦較他處更難念此潰決之際墳墓田廬多被冲沒鄉村老稚亦被淹浸稻糧百植牲畜池魚盡遭漂蕩以及往來搬移船隻轉運白日墟市全無晝夜宵小搶攘所糜費者奚

止百十萬金而流離失所種種禍害何可勝言今
會計通圍大修不過用銀數萬而一勞永逸利益
無窮夫以通圍數十萬家烟戶簽題數萬金而成
千載不弊之基每歲保全百十萬之產業孰得孰
失瞭然明白現值冬晴水涸若不急爲善後之圖
轉盼來春水至勢必仍遭覆溺貧困者固難爲生
卽富厚者亦豈能倖免自保無虞乎幸蒙
大憲軫念民依
縣臺慈懷保赤親臨勘查現復諄切勸諭又煩
賢尹稲呂二公下鄉勸勉而順邑諸老先生鄉鄰誼
切倡率佽助恊辦次第通圍修築但工繁費鉅端

賴衆擎所宜拯救爭先惠施恐後某等叨連錦里
素沐鄉光諸賢任恤爲懷殷情倍篤用佈悃忱伏
願列位紳耆老先生暨仁人義士俯念同鄉共井
之情毋分畛域還推趨事赴功之義幸勿遷延惠
捐有用之財以濟閭閻之苦俾得迅速鳩工基堤
早固則衛人卽所以衛已厚報總由於厚施其爲
功德實無涯量矣臨啟曷勝翹切之至

閭閻公啟

公推總理

李昌耀海舟堡田心鄉　余殿采金甌堡岡邊鄉　關秀峯九江堡北坊

梁廷光海舟堡海舟鄉

海舟堡首事

李冠賢　梁廷光　李式豪　李荷君

先登堡首事

符宣滙　張端宏　張廷贊　梁公興

李卓登　梁德峻　李宣培　蘇元聰

九江堡首事

關潔之　關恆五　關履光　劉宗望

徐芳桂

簡村堡首事

陳俞徵　麥綱儒　冼章嗣　譚如軾

麥修達　梁楚元

金甌堡首事

余殿成　陳建章　陳永觀

大桐堡首事

李拜祥　李蒼士　程光可

鎮涌堡首事

何體純　扶奕蕃　何愛鏞

河清堡首事

潘植典　潘賢業　胡鑄綱　潘大培

百滘堡首事
潘宗元　張聘君　黎爵寬　潘萬寧
雲津堡首事
潘炳綱　陳長之　黎緒大
沙頭堡首事
崔德孚　崔宗蕃　盧純熙　張玠
李雲沾　黄時望

公議章程

一修築圍基工程浩大現奉　縣主切諭全在　義士仁人樂施慨助各就力之大小廣爲簽題毎堡領簿一本題畢將簿交出公所登記其數至各堡于簽題之外有不足者論糧起科仍聽其便

一毎堡公推殷實端方者一人承辦勸簽又舉諳練殷實者一人協理各盡所長以襄厥事將來稟

憲奬勵以報賢勞

一各堡領簿之後該堡承辦者卽協同堡內紳耆實力勸簽如富厚吝嗇者遵諭開明姓名稟覆

縣主于十一月初一日繳簿幸勿遲悞

一工程仍須專人總理收支順德已定議公舉總理二人本邑各堡亦公舉總理二人始終董理工竣之日闔圍酌議酧謝

一簽題繳簿後于李村營汛附近搭盖篷廠爲辦事公所各鄉簽題銀兩携至公所交總理收存登簿給予圖記收單付執仍聽寄貯以愼出納

一兩邑公推總理全賴始終鼎力常在公所督辦其餘首事協辦共四十七人或本身不能親到聽其另覓殷實兄弟子姪赴工督理不得托辭他往

一公所辦事者畢集日逐支發各項用度設簿登記至於所收銀兩及支發各數每日開明標貼廠前

以昭公當

一公所日逐火足每日就人數多寡支應豐嗇得宜

列簿開銷

一李村基所土性多是浮沙不能堅固必須別處取

土運赴填築及一應物料并賃牛踹練各工程宜

聽總理首事變通酌議

一在工受雇之人務須登明住址姓名來歷日逐常

川齊集公所勤慎出力遇夜卽在公所歇息亦不

得酗酒逞兇聚集賭博如有懶惰生事聽總理之

人逐除違抗者禀究

一通圍合計現冲者固應急爲修築完固其餘三丫

基大洛口圳口尚未告成及各處有形勢單薄並
地當要衝者皆宜一體修築次第具舉以期全圍
鞏固共保無虞

基工章程

一興工動土擇甲寅歲十月二十九日申時

一建醮擇十一月初十日開壇十四早完醮

一祭基擇本月十四日請承祭官　九江主簿嵇江浦司呂　祭品用猪羊祭後下鐵牛四隻然後大興工作

一堵築决口工程最爲緊要自應博訪賢能方無貽誤試就李村大鈌口而論長一百三十餘丈其水深一丈有餘者計四十餘丈最難施工今擬基形略爲灣入新基自北頭盤古廟起至南頭坡地圓眼樹止計長一百四十五丈内上湖濶二十六丈

外水深一丈二尺內水深八九尺不等下湖濶七丈五尺外水深八尺內水深五六尺不等兩湖自下起築基底計濶十丈兩傍打密排樁兩層內外樁四層中實坭基仍點梅花石樁脚實以沙樁外壘石濶四丈塡至水面上內外仍打密樁一排中間舂灰墻一道兩傍用牛晒練內外基裙分八字拷練堅實外裙上下鋪石以防水激內裙用石壘脚上面間築坭壟以護基身基面寬二丈北頭舊基外築石壩一道以卸上流所有工程務求堅厚鞏固至各處缺口亦應一體相度酌辦是否還求

高明指示焉

一開工以石爲先必須先定石價所有各項石價集
衆議定開列
鹹水石每百担議銀二両一錢
新會白石每百担議銀一両九錢
肇慶黑石每百担議銀一両七錢
各石以每塊在一百至二三百斤爲率最小亦要
五十斤以上不及五十斤者不得上秤仍要大七
小三配搭秤石之後須聽首事指點安放停當各
船有情愿源源接濟者初次用竹編列字號于該
船頭尾號定水誌下次挽運到步以原水號爲准
不用再秤以省紛煩

一大興工作需工甚衆議以二十人爲一起每起設攬頭一人仍由本堡首事保認以專責成或挑坭或搬運或舂灰墻每日須聽督理之人指使所有鋤頭鏨篸擔杆鍋竈碗快柴火自爲預備每名每日議以工銀八分另補自備器具銀一分共銀九分連飯食在内仍要熟識工程勤力工作者方能應募倘糊混入隊不依指使者隨時斥退

一工數衆多每起編列字號以一字號住寮舖一間深濶各二丈每號給小牌二十面各懸帶以便查點勤者分别奬勸惰者卽行革退斷不狥情

一載運沙坭需用船隻每船議以約載重二十五担

爲額二人撑駕每日每船租銀三分每名工食銀
九分
一開工之後工費浩繁必須銀兩接濟各堡泒簽銀
兩原訂本月初一日送簿先交三分之一希爲早
日交出其餘銀兩議以按期陸續照數全交
一此番全圍合力大修原屬曠世美舉查本圍自前
明興修以來迄今四百餘載基身單薄以致己亥
甲辰甲寅叠遭冲決今奉
各憲曁承順南兩邑諸名公以今年現決各口固
應修築所有圍內險要單薄各處亦應一體加培
完固爲一勞永逸之計倡捐成數設局開辦董其

事者不可不詳愼辦理各堡內倘有應入大修處所早爲開出以便禀請勘估彙列一單次第遵照工程大小辦理無得爭執

一每堡公推首事連協辦者或三人四人不等內有協辦首事尚未推出者聽其于堡內自行選擇亦祈及早推出與先推首事一體早日齊集總局共襄厥事各分職掌

一各堡派簽銀數議以全數交出總局聽局內總理支發將現缺各口以及險要單薄各處次第陸續分人與修各堡內均舉有首事公同商辦斷無慮及應修不修偏輕偏重之事總期各堡仁人義士

踴躍簽題共成美舉闔圍幸甚
一應修各處基址在於總局派撥鄰堡首事二人協
同該處首事相度辦理毋得私自修築以昭公慎

桑園圍總志　卷之一

具呈舉人陳文燿馮觀育潘吉士羅思瑾生員符
澤李定卓李英掞等呈爲報明興築日期上紓
厪注事竊照本年六七月間洪潦漲發桑園圍李
村等處基堤俱遭潰決闔圍廬墓老稚以及牲畜
池魚百植無不深受慘害嗣幸水退藉庇安全兹
當冬晴水涸之時圍民集議全圍通修以冀一勞
永逸然費逾數萬坊隅力有難勝公同酌定各按
鄉堡設簿簽題俾襄厥事此乃羣姓室家之謀迺
蒙
仁憲保赤爲懷恩捐清俸
太夫人懿德流徽垂憐施濟伏地祗領感頌難名
該基經於十月二十九日動土興築現在衆工畢

集悉皆趨事爭先總理首事人等亦均認眞督辦
冀圖早日告成從此共慶敉甯永戴高厚鴻仁無
旣謹將興築日期連粘領狀呈赴
欽命廣東布政使司大人臺前伏乞　恩鑒施行
陳藩憲批
圍基保障田廬最關緊要本年猝被潦水冲坍
自應亟爲修築因念工費浩繁是以本司酌量
捐俸以爲之倡爾各紳士富民均踴躍捐資共
襄厥事殊屬可嘉趁此冬晴赶緊築復加高培
厚以期一勞永逸共慶安甯本司實有厚望焉
乾隆五十九年十一月初八日呈

具呈廣州府南海縣桑園圍里民黎世隆 余尚德 麥應瑞 關占元 李大有 石中藏等呈爲隄工藉固農力慶登敢用獻新以抒微忱事竊惟五穀成熟特聞於成天平地之朝六府孔修乃臻夫耕田鑿井之化哺含腹鼓詎獨堯衢秉滯穗遺幾仝禹甸茲者伏遇

大人閣下

胞與存心

安懷厪念

目蒿水火時深已溺已飢之恩

志切乂安悉本至大至公之政念桑園圍堤之已決恐與人耕作之無依既設法以通修復籌金至

巨萬用是室家相保行忻有事于西疇縱使版築
方興並喜無妨夫東作人事修而天時聿應十雨
五風兒童喜而婦女咸歡兩岐二穗實堅實好已
覘夏穫頻登載柞載芟更復秋成可望寧云有恃
無恐當思致此何由隆等未敢忘自上及下之恩
亦差識先公後私之義用獻脫粟之二筥並挈寒
泉之六缾匪獨效野老暄芹亦以抒
大人宵旰斯蓋小民不知不識意慮惟粟可療飢
誠體
大人無陂無偏心跡實泉能比潔故自忘其草野
之賤祇共申其愛戴之私但願祝屢豐盈浦水艮

田禾不生夫馬耳庶幾穀我士女樵山洌井當用
汲于龍頭所有隆等感戴下忱謹獻早稻米鄉斗
六斗西樵山龍頭井水六埕匍匐叩赴
長制憲批　戶慶豐盈皆爾百姓醇良名感
天和所致據此可見
上天無負斯民爾等益當孝友睦婣作國家好百
姓
上天必更有以佑爾也酌留所獻穀升許水一埕
藉以誌慶餘發還
朱撫憲批　據呈早收豐熟足徵勤邺睦婣之報益
敦仁里以保天和勉之

陳藩憲批　上年圍基被水决溢工費甚鉅賴爾等
各衿民踴躍捐貲共成義舉兹以工竣
可期永保田廬共享盈甯之福本司實
深欣慰獻新之米酌留升許水一埕以
示田畯至喜餘發還

具呈修復桑園全圍董事監生李昌耀職員余殿
采關秀峯梁廷光等禀爲全隄藉固廟宇落成聯
呈叩謝事竊照桑園圍基上年洪潦潰决兩邑群
黎同深慘害上荷
大人胞與存心安懷廑念捐俸倡率設法通修叠
諭富戶捐貲貧民出力通力合作爲一勞永逸之
計並得以工代賑兩邑貧黎感沐　仁恩更無既
極維時　郡公祖仰體
憲恩頻頒示諭繼以　兩邑父母關心民瘼屢厪
先勞相視經營則九江簿主分其責往來籌畫則
江浦司主任其憂由是兩邑紳民富以仁而頑以

感群心奮勉愚勞力而智勞心役首李村之隄次
及全圍之址高其卑者平其險可保無虞補其缺
者救其偏有基莫壞經始于去歲仲冬之月告竣
于今茲孟秋之辰計工閱半年安瀾乃慶用金逾
數萬樂土方欣茲廟宇業已落成遵奉虔塑
昭明龍王神像擇吉于七月十五日安座供奉除呈請
地方官祀事外理合叩懇
憲恩示期親臨履勘庶幾兩邑群黎得以同申頂
祝從此共慶敉寧永戴　高厚殊恩于億萬斯年
矣先此聯申謝悃連工程冊繳赴伏乞
欽命廣東布政使司大人察核俯鑒施行

批　據呈圍基工竣

神廟落成從兹可以永保田廬無虞水患深爲欣

慰候示期履勘其未交銀兩並候飭縣催交可

也冊存

乾隆六十年七月　　初三　　日呈

具呈桑園圍紳士李昌耀關蕚翹余殿采何瓛洲
陳湯鎏李定卓黃駿潘汝瑚李瑤梁維綱李英
掞麥逢秋扶奕蕃麥綱儒李冠賢譚如軾潘楚
如呈爲恭謝
憲勞仰冀垂鑒事竊念桑園一圍茅廬萬井桃長
江之潦漲前被潰淹叨
碩畫之栟幪兹徽奠麗民安耕鑿樂國遠邁於宋
明室慶盈寧
仁風徧揚於南順此真蘇堤不能專美于前召埭
得所接踪於後者也七月十五日恭逢
南海神靈陞座仰荷

大人旌節遥臨香炷苾芬題留頌禱士民遮道黍苗切陰雨之膏酒醴躋堂德澤寫甘棠之愛思艱圖易永沐安瀾勞始逸終羣歌樂土從玆雨無破塊祥和均兆于屏藩海不揚波瑞應長昭于家國矣所有感激微忱理合恭謝慈恩伏祈垂鑒爲此

呈赴

欽命廣東布政使司大人爵前俯鑒施行

批 悉

乾隆六十年七月　二十七日呈

布政使司陳　爲勸諭隄外再添石工以厚基身
以臻完善事照得南海縣屬桑園圍基延袤萬二
千丈捍衞良田千五百餘頃爲廣屬中基圍最大
之區上年六七月間洪潦漲發崩決基口十數處
均當西北兩江頂衝之岸經本司親往查勘狂流
洶湧實爲險冲必須砌築堅固結實方保無虞因
念民力或有不逮本司隨捐俸倡率諭令兩邑紳
民合力通修爲一勞永逸之計隨據南邑首事何
巘洲潘吉士等議定勸捐修築章程具呈到司並
會順邑殷宦溫內翰面商亦慨欣倡助先後合計
題捐銀五萬兩並據南海縣李令泒委總理首事

李肇珠等設局李村分段挑築人心踴躍不數月
而全隄獲竣具見兩邑羣情向義誼督梓桑深堪
嘉尚本年七月董事等以全隄告竣
神廟落成呈請親臨履勘當於七月十四日自省起
程十五日赴
廟拈香後隨督同廣州府朱守佛山水利廳宗丞南
海縣李令順德縣汪令三水縣王令沿隄履勘均
已一律堅築高厚覘別圍工程高出三尺有餘此
後永無泛溢之患惟西岸海舟之三丫基南村之
禾乂基九江之鸞姑廟沙頭之韋馱廟各段直接
西比兩江全流之水澎湃浩蕩冲激湍急勢不可

當尤宜于基外厚培大石方能以阻狂流而捍湧
湧其東岸雲津百滘之庄邊吉贊藻尾等處基脚
壁立幷西岸先登石龍鎮涌河清沿基之外雖生
有浮坦而一遇夏潦漲盛之際漫灘頂冲基高脚
軟難免日久坍卸之虞亦應壘石培護方爲妥善
當卽諭令稽呂二委員會勘計需工費若干禀報
察核官爲捐助兹據委員逐段丈勘列摺禀覆全
圍合計需費九千六百餘兩並據總理首事呈請
查照南邑原派三萬一千餘兩之數按照各堡原
額加二添捐尚不敷二千餘金再爲設法籌足以
仰副盡善盡美之至意各等情到司當批據呈加

捐銀兩籌添石工砌築基圍為一勞永逸之計洵屬妥善本司當再捐俸佽助府縣亦各願捐施候即出示勸諭其前次未交銀兩並候飭縣嚴催交局可也除飭府廳縣一體遵照外合就出示為此示諭該堡紳耆士庶墟總業戶人等知悉爾等家本素豐固宜早為踴躍按照該堡原額添捐迅速交局即小康之家前此未經捐助今樂全圍鞏固早稻豐收亦應按田派費奮勉爭簽速交董事辦料砌築以臻完善從此共慶奠安咸登衽席本司實有厚望焉其各凜遵毋違特示

乾隆六十年八月十二日示

具呈南海縣屬桑園圍舉人黃世顯陳文耀馮觀
育李應揚程功培等呈爲憲恩疊沛祇領叩謝
事切修築桑園圍全圍去歲荷蒙仁慈軫念民依
倡捐廉俸輿情感動圍內十一堡以及順德兩龍
甘竹三鄉共樂捐銀五萬兩經首事等陸續催收
乘時興築今夏西潦漲發幸藉敉寧此誠千古之
遺愛召棠蘇隄無以倫比復慮圍枕西江頻年被
潦更于李村新堤外創立
南海神廟以祈保障七月喜迓旌旆賁廟行香履
勘全堤均已一律堅築高厚惟東西兩堤險要處
所基腳壁立日久難免坍卸之虞應一律壘石培

護方為妥善當蒙委員勘估前後共計添估石價
基工銀九千六百餘兩顯等仰體憲懷公同籌議
請照本邑原派三萬一千餘兩之數按照各堡原
額加二添捐其尚不敷銀兩再為設法籌足乃荷
恩施優渥復捐清俸百金給發到局顯等伏地祗
領感頌難名趁此冬晴水涸秋收有慶之候顯等
自當勉力勸捐赶緊培護完竣從此長堤不弊永
藉安全仰沐鴻慈于生生世世矣所有感激微忱
理合聯情先行申謝連粘領狀呈赴
大人臺前　恩鑒施行
批　據呈已悉仍速上緊勸捐乘時培築完竣以

期永慶安甯勿稍怠忽須狀存

乾隆六十年十一月　　日呈

具呈南海縣屬桑園圍首事李肇珠關秀峯余殿
采梁廷光等呈爲敬陳興築日期上舒廑注事切
照桑園全圍上年被水冲决仰荷恩慈軫念兩邑
民依捐俸倡築今秋得藉安瀾乃蒙憲駕遥臨履
勘諭令隄外砌添石工爲萬年鞏固之舉再頒清
俸兩邑羣黎感佩殊恩更無既極當即會同集議
簽捐訂期興築因銀兩一時未能收全致未將事
兹本月十六日本邑李縣主因公赴圍之便傳奉
大人慈諭令即赶緊興築首事等隨跟同沿隄履
看再三籌議當蒙面諭分作三起辦理目下天晴
日暖先將鎮涌禾义基土工一段招工塡築如各

處銀両接濟再將基脚壁立石船可以灣貼基身
之海舟三丫基九江蠶姑廟沙頭韋馱廟雲津百
滘之吉贊庄邊藻尾各段亦陸續砌壘至基外生
有浮坦之先登石龍鎮涌各段目下冬晴水涸船
隻不能灣近基身暫俟銀両齊全毎逢初一十五
潮汎長盛之際再行堆壘固可省挑運石塊工貲
而于工程次序亦不致有紊亂耗費之煩各等因
茲遵諭已擇于本月十九日興工塡築所有興工
日期理合呈報伏冀
大人恩鑒施行
陳藩憲批、趁此冬晴水涸正宜及時趕緊砌築

以防春潦仍俟各處工竣陸續呈報
並候飭縣催交捐項齊全接支工費

乾隆六十年十一月二十六日呈

廣州府正堂朱　爲曉諭事嘉慶元年五月初十
日奉
欽命廣東等處承宣布政使司布政使加三級陳　憲
札內開據吏南科書辦梁玉成禀爲敬陳管見仰
冀鑒察事切辦于三月下班回藉遵諭馳往圍基
總局察看辦理情形因而捧讀大人批諭龍山紳
士請免再捐石工銀兩一案奉批桑園圍內石工
是否毋庸順邑加捐仰府飭縣傳訊當局首事秉
公籌議具詳察奪等因書辦當同董事李肇珠等
會計全圍砌築石工前經委員逐段勘估計需工
費銀九千六百両列摺繳報在案所需工費先蒙

大人暨本府本縣倡給銀四百兩本邑各紳擬請在於原派三萬一千七百餘兩之數加二捐銀六千三百四十兩嗣順邑汪令稟報以兩龍甘竹各鄉地居下游休戚相同亦應照南邑事例一體捐銀三千兩復蒙大人諭令圍內鹽商應照當押捐襄之例捐銀二千五百兩續又有簡村堡義士陳俞徵亦樂助石工銀三百六十兩照數收齊似屬有盈無絀今查江浦埠商止據認捐銀一千五百兩而龍山一鄉已據呈請免捐則龍江甘竹兩鄉必有效尤觀望照原估工程合計尚短銀一千兩加以局中用度總需一千四百餘金方可尅期蕆

事本邑各堡般富無多自前年被水之後各戶收
成歉薄上年雖似有八分然氣體究未能復元其
力能捐簽者前次業已盡力捐簽此次又復添辦
石費以强努之餘勢難再助倘或儘收儘支將就
了局則各段工程必有偏重偏輕之不齊誠慮各
堡退有後言殊不足以昭公當而服衆心昨經委
員帶同董事來省備瀝情形禀明本縣府轉達憲
聽蒙飭順邑各堡減半捐銀一千四百兩行知速
繳在案詎因龍山呈內有桑園圍原係南邑地方
南圍南修各分段落向不泒及鄰封之說以故捱
延未即交繳書辦伏查南圍南修向不泒及鄰封

者此乃指歲修小費而言若大修在千兩以上則
泒之通圍歷年有案且此圍創自宋朝其時全圍
俱隸南海前明景泰初年因黃蕭養滋事平靖之
後始添建順德割兩龍甘竹三堡分隸江村馬寧
二巡檢其餘各堡仍隸南海縣之江浦司迨
國朝乾隆五十一年又添設九江主簿晰九江沙頭大
桐河清鎮涌五堡分隸管轄餘堡仍隸江浦司雖
先後有沿革建置然總屬桑園全圍之內其兩龍
甘竹之未建圍基者特以該地爲水道下游以故
留爲宣洩然全賴上面之有圍基爲之捍衞伊等
晏處圍內獲免歲修已屬厚幸是名分兩邑地寔

同圍伏思各堡之有圍基者如室家之有垣墻垣墻之內卽屬一家亦由圍基之內謚同一室水患一至俱受淪淹更豈能區分秦越今圍內南邑各堡亦分隸九江江浦兩屬管轄腹裏無圍基經管之鄉村甚多遇有坍修又豈得藉名分隸區分畛域諉爲鄰封又府屬三兩縣同圍者如南海三水之艮鑿大艮白木灣大欖背四圍又豐樂圍則三水高要四會三邑同管誠以地土犬牙相錯然凡住居圍內者卽屬同圍遇有修建鉅工無不同力合作處處皆然是其以鄰封之說爲言殊未妥協茅謚屬桑梓不便過爲剖辯應聽在局首事以理

婉陳得其照數添捐足以襄事自可毋庸他論矣再書辦復溯查此隄自前明洪武年間九江義士陳博民伏闕陳請通修以來計今四百餘載其間載在郡志報決者不一而足迨乾隆己亥甲辰甲寅僅止一十五載三次被決黎庶遭殃莫此爲甚揆厥由來前明大修之後卽以附近之隄歸之附隄各戶堡管理一堡之中分之各姓雖遞年議設歲修然基址有長短地勢有險易加以各堡貧富不一如在殷富之鄉値當平易之基歲中略爲培築尚屬無患其在貧苦之戶又値險要頂冲歷年竭力培補終屬無濟而告貸于衆又以各有經管不

可破例畛域之見積久難移此隄之所以叠受其
害者皆由于此若非前此甲寅被決仰荷大人親
往勘災軫念兩邑百萬生靈盡遭慘害目覩全隄
歷年已久壞爛實多且逾年下游淤積沙坦圍築
日多水道不宜遏潦倍加湧漲非建議通修其禍
終屬無底隨會順邑溫內翰確商并飭傳兩邑紳
士妥定章程共捐銀伍萬兩西岸自南邑鵝埠石
起下至順邑甘竹灘止東岸自南邑仙萊鄉起下
至順邑龍江河澎尾止俱一律塡築高厚均在兩
邑所捐銀伍萬兩開銷上年七月大功告竣復蒙
履勘諭令隄外再加石工方能一勞永逸此誠數

百年曠世之奇舉圍民得獲萬年之樂利凡有氣血者莫不頂戴殊恩于生生世世矣迴思此隄上自大人以至本府本縣無不欣捐清俸倡率外而當押鹽商義士均各踴躍襄銀佽助卽泒委在工之委員首事俱能仰體憲懷妥協經理上下一心思艱圖易始得咸歌樂土可否仰懇憲恩飭令各紳知此番工程圖始維艱成功不易趁此未經撤局之先勤求善後之策未雨綢繆防蟻漏以固苞桑庶不負大人建議修築章程宵旰焦勞無一夫失所之至意耳至前蒙履勘面諭最險之禾乂基土工業于三月底塡築完固其次險之九江蚕姑

廟沙頭韋馱廟海舟三丫基現在稽委員連日督
同各首事按段培護石塊其再次險之吉贊庄邊
先登石龍鎮涌河清等處尚俟各處銀両齊全始
能培護並請飭令廣州府速催各堡未完銀両勒
限速清十日內即可全工告竣書辦住居圍內謹
就見聞所及稟候鑒核施行連將各堡未完銀両
數目列單送閱等情到司據此當批候行府飭催
各堡未完銀両迅速交局應工並籌善後事宜詳
奪在案備札到府立將單開各堡未完銀両專差
頭役前往各堡按數飭催限三日內掃數交局以
應鉅工併即出示曉諭各堡紳民赴局會同委員

首事聯籌善後章程由該縣府核明擬議詳辦以
爲通圍逓年修築圍基公用務使長隄經久無患
其圍內涌滘竇穴上年本司親臨履勘時聞有破
潦淤塞至今未經疏濬者亦應飭令各紳民按照
地頭疏濬寬深以資灌溉以利行人本司實有厚
望焉等因奉此除分差前往各堡催繳未完銀兩
交局支應外合就出示爲此示諭各堡紳民一體
遵照籌辦毋違特示

嘉慶元年五月　日示

具呈南海縣桑園圍紳士馮觀育鄧大觀陳東銘
黄一木馮汝楫程士偉何瓛洲梁廷光李肇珠余
殿采關秀峰李冠賢譚如軾李式豪張聘君陳暟
生陳長之扶衍庇何毓齡李英挻蘇奠安符澤黎
俊譚方輿任元樞李藹然李瑶梁偉余旋錦
呈爲全工獲竣聯謝鴻恩事竊照桑園一圍地處
平衍水當歸滙十四堡之生齒盡屬漥居萬餘丈
之金隄全資保障比際甲寅之歲突遭潰决之虞
仰荷仁慈叠勞按視夙孚誠信狂瀾卽歛其淌念
切痌瘝昏墊胥恤其苦迨洪流甫退卽賜示興修
上蒙

太夫人愷惻爲懷鉅金恩賜復荷我大人保民若
赤清俸倡捐於是遠近歡騰紳民踴躍僉題恐後
上下和衷覗長堤之卑薄隨處增培探決口之淺
深相機堵築及至告成之日再邀求固之恩基勢
灣環幫裡戧而脊捍衛溜當湍急排鉅石而禦洪
濤三載功成二天戴德從此含哺鼓腹亨樂土而
念康功鑿井耕田慶平成而思厚澤億萬斯年之
下咸頂祝謳歌于無既矣除雲津百滘兩堡尚有
蒂欠俟秋收後卽行購石堆壘外所有全圍工竣
及感激微忱理合聯呈鳴謝伏祈俯鑒施行

藩憲陳大人　批

據呈已悉圍基保障田廬民瘼
所繫是以再三籌慮督飭興修
亦賴爾各紳士衆力簽題兹已
工竣從此圍民咸居樂土永慶
安甯本司不勝欣慰至雲津百
滘二堡未成一簣之工仍速赶
辦完竣可也

嘉慶元年九月三十日呈

具呈修理桑園圍基首事譚如軾李式賢雲澬兩
堡首事張聘君黎爵寬潘元上潘才一潘韜周程
宗興吳作錦陳海生潘公策陳長芝係廣州府南
海縣江浦司呈爲恩上加恩聯名叩謝事切照
恩膏遠播固 大憲之深仁感戴難忘亦閭閻之
素志恭惟
大人閣下
屏藩東粤
宣化南邦
星耀紫微照臨而光五嶺
春披海甸煦育而撫百城乃上體

聖天子已饑已溺之心下憫斯民靡室靡家之苦溯自甲
寅西潦無異懷襄圍內鄉民盡皆昏墊斯時雖有
大栅諸圍同時冲決不過僅害一圍而已若桑園
圍上通三水下接順德兩龍三縣窪居被災駭甚
且各圍之決不過基面被冲原無大陷桑園則滙
成巨澤長亘百丈有餘築復固有易難工程寔分
大小雖
大憲之一視同仁軫念無分彼此然平施稱物賜
賚自有權衡因之救災捍患既捐俸而倡築通圍
旋善始而慮終復憐貧以補助雲滘兩堡又復賜
金滿百指日功成物阜民康貽千載盈寧之樂基

堅實固保萬年
磐石之安
恩深似海
德重如山到處遍謳歌共切啣環之悃羣黎齊頂
祝同傾向
日之誠喜
春溫而遺愛甘棠値陽和而拜恩
薇省固結輿情以致謝聊陳衢巷之微詞惟願
楓宸特簡三台耀而一品連陞
豸府頻開五雲移而
九重疊誥

熙朝柱石萬代公侯圍衆士民毋任瞻依欣忭之至

謹聯呈叩謝鴻恩爲此呈赴

欽命廣東等處承宣布政使司大人爵前俯鑒施行

批

查桑園全圍爲南順兩邑田廬保障前因被水冲決是以本司倡率捐廉並賴衆紳士簽題成厥鉅工嗣後全圍可無水患永慶安瀾矣至雲津百滘兩堡尚有題捐尾數未清緣該處業戶力有不逮是以本司率同廣州府復又捐墊足數以完厥工本司爲地方民瘼起見初無邀譽於該首事等何以謝爲惟期爾等嗣後遇有鼠

賓蟻穴等項各按堡內照舊日經管基址修葺
永保無虞以無負本司軫念饑溺之本意可也

嘉慶二年二月　　初八日呈

桑園圍續修志 卷之二

各憲倡捐及各堡按糧認捐兩龍甘竹襄捐當押鹽
埠續發各銀數開列
布政司陳大人　章太夫人　捐紋銀二錠重一
百兩出水八兩八錢
布政司陳大人前後倡捐銀二百兩
廣州府朱大老爺前後倡捐銀一百八十兩
南海縣李太爺前後倡捐銀二百八十五兩玖錢
五分
南邑沙頭堡原捐土工銀六千五百二十兩
續捐石工銀一千三百零四兩
當押九間共發銀三百五十八兩四錢五分

九江堡原捐土工銀五千五百兩
續捐石工銀一千一百兩
當押三十八間共襄銀一千五百一十三兩八錢
簡村堡原捐土工銀三千六百一十七兩九錢
續捐石工銀七百二十三兩六錢
當押一間襄銀肆拾兩
陳俞徵義助銀叁百五十九兩二錢
先登堡原捐土工銀二千三百五十兩
續捐石工銀四百七十兩
當押二間共襄銀八十兩

金甌堡原捐土工銀二千三百三十二兩一錢

三分

續捐石工銀四百六十五兩八錢八分九厘

當押二間共襄銀八十兩

海舟堡原捐土工銀二千三百兩

續捐石工銀四百六十兩

當押三間共襄銀一百二十兩

鎮涌堡原捐土工銀二千一百四十兩

續捐石工銀四百二十八兩

大桐堡原捐土工銀二千兩

續捐石工銀四百兩

當押六間共發銀二百三十九兩六錢六分
河清堡原捐土工銀一千九百四十兩
續捐石工銀三百八十八兩
當押三間共襄銀一百二十兩
百滘堡原捐土工銀一千六百三十兩
續捐石工銀三百二十六兩
當押六間共襄銀二百二十兩
雲津堡原捐土工銀一千四百一十二兩
續捐石工銀二百八十二兩四錢
當押三間共襄銀九十五兩
伏隆堡前後共捐銀一十一兩七錢二分

江浦總埠襄銀一千四百六十四兩四錢二一分

順邑龍山堡原襄土工銀七千五百兩

續襄石銀七百五十兩

龍江堡原襄土工銀六千兩

續襄石工銀六百兩

甘竹堡原襄土工銀一千五百兩

續襄石工銀七十二兩零六分五厘

以上通共收銀伍萬玖千玖百捌拾捌兩玖錢捌分肆厘

大修全圍工程目

計開

西邊先登堡　派修首事張聘君蘇元聰扶奕蕃
馬蹄圍基自三水飛鵞山右翼嘴起至陳軍涌
賫面止長八十九丈五尺緣遞年李
周各姓歲修五推今値大修不分畛
域將周姓基址用灰沙踏練一體加
高培厚善後章程奉藩憲陳　檄行
廣州府朱　轉飭　南海縣李　署
三水縣王　會勘明確豎立石界內
北頭四十四丈七尺五寸係三水鳳

竇鄉周姓管業南頭四十四丈七尺

五寸係南海鵞埠石鄉管業取具兩

鄉遵依繪圖詳覆飭遵以後歲修照

界防守

鵞埠石經管基自陳軍涌起至爐岡頭五嶽廟

止長三百零三丈内卸陷三十六丈

餘俱卑薄

今築復加高培厚連馬蹄圍基共用工費銀

六百一十八兩六錢九分五厘續落

石工銀一十五兩四錢培護結實

業戸經理首事李大昌　李毓林

李作彦　李在新

茅岡區國器經管基自爐岡頭起至觀音山太尉廟止長一百五十六丈內卸陷四十六丈餘俱卑薄

今築復加高培厚共用工費銀四百二十六兩零六分三厘圓岡下基膊上流冲割落石用銀三十七兩六錢二分培護結實

業戶經理首事 區濟賓 區廣興 區裕之 區澤先

茅岡蘇萬春蘇節二戶經管基自觀音山起至圳口基界止長二十六丈五尺俱單薄

今加高培厚共用工費銀一百一十四兩六
錢四分一厘基外受水冲割落石用
銀四十五兩一錢六分二厘培護結
實
業戸經理首事蘇觀光 蘇恒熾 蘇楚行
圳口李積發黃世昌等六戸經管基自茅岡基
界起至稔岡蘇粱基界止長一百四
十二丈俱卑薄
今加高培厚共用工費銀二百四十八兩七
錢七分一厘續落石工銀四十四兩
五錢四分六厘培護結實

業戶經理首事 李益昌 李栁光 李孟輝 黃爵輝

稔岡蘇芝望梁喬昌等五戶經管基自圳口黃李基界起至橫岡基界止長二十七丈五尺內受冲險要處二十丈需落石培護餘俱卑薄

今加高培厚共用工費銀一百四十兩零九錢二分續落石工銀三十五兩九錢三分九厘培護結實

業戶經理首事 蘇廷彥 蘇聖瓚 梁公憲 梁日聰

橫岡蘇志大經管基自稔岡基界起至鳳巢屈岡脚止長三十丈零五尺基身卑薄

基外受冲險要

今加高培厚共用工費銀二百八十七兩一錢九分四厘續砌石用銀二十六兩一錢培護結實

業戶經理首事蘇炳斯　蘇德宜　蘇偉宜

鳳巢李大有經管基自屈岡起至鄧林基界止長一百八十四丈五尺內烏婢潭決口三十丈餘俱卑薄

今築復決口及加高培厚共用工費銀九百六十七兩五錢二分八厘烏婢潭基脚續落石工銀一百零二兩七錢九

分五厘培護結實
業戶經理首事李揚志李廷梅李維揚李日儒李宏元
鄧林李大成經管基自鳳巢基外起至龍坑基
界止長七十四丈九尺俱卑薄
今加高培厚共用工費銀五十五兩四錢七
分八厘
業戶經理首事李秩才李啟章
龍坑梁觀鳳李瑯宗李棟蘇芝望四戶經管基
自鄧林基界起至李村三角塘止長
一百九十六丈二尺內卸陷四十丈
餘俱卑薄

今築復加高培厚共用工費銀四百三十二
两三錢二分五厘另扣留本堡尾欠
派分各段雜項用銀三十七两九錢
八分八厘
業戶經理首事李培滋　李賢高　梁定進　李燦夫

海舟堡

李村李繼芳李復興李高梁稅祐黎余石七戶
經管基自先登堡龍坑分界起至盤
古廟止計長三百八十六丈一尺基
脚石墈坍卸基身卑薄
今基脚加石砌復基身加高培厚共用工費

銀一千七百一十七兩三錢六分九

厘另汎前砌石銀一十四兩八錢

業戶經理首事 李漢霖 李式蒼 梁世和 黎秀文 余華衍 石希俊

又自盤古廟起至上壚文昌廟止計長一百七

十二丈四尺內冲陷決口一百四十

五丈餘俱卑薄

今築復決口及加高培厚共用工費銀一萬

二千七百四十六兩八錢零二厘

在局首事 李肇珠 關秀峯 李式豪 余殿釆 督辦 梁廷光 李荷君

麥村梁萬同李遇春簡其能麥秀陽各戶經管

基自上墟文昌廟起至龍潭里止計
長二百二十四丈五尺內滲漏四十
餘丈餘俱卑薄
今滲漏用灰舂實餘俱加高培厚共用工費
銀四百九十五兩五錢九分四厘因
基外被海心沙頭橫水冲割連年郤
陷續落石用銀一百四十八兩零八
分四厘培護結實
業戶經理首事 梁齊伯 李紹璋 簡國業 麥信昭
海舟田心三丫基十二戶經管自龍潭里門樓
起至南村鄉禾叉基分界止計長五

百一十八丈內滲漏四十餘丈餘俱
卑薄基脚俱受頂冲壁立深潭歷年
培石屢被冲塌
今滲漏用灰舂實餘俱加高培厚共用工費
銀一千一百三十八兩四錢四分六
厘基脚受冲長五百一十八丈已落
石銀二千三百八十五兩九錢八分
五厘因此段最爲險患續復堆壘
石共用銀一千六百九十一兩四錢
零五厘培護穩固
業戸經理首事 梁麗時 馮作霖
黎豪萬 李廷敏

鎮涌堡　派修首事　潘賢業　胡鑄綱

南村鄉禾叉基自三叉基起至石龍村分界止

計長二百八十丈俱卑薄基外受冲

最險長八十餘丈

今加高培厚共用工費銀三百六十二兩三

錢二分基脚受冲八十餘丈已落石

銀一千三百五十一兩七錢四分二

厘此段最爲險患今基外落石厚培

築壩基內遵奉

藩憲面諭用土塡築灣曲共用銀二

千二百八十一兩五錢六分四厘培

護穩固

業户經理首事何建培 何體元 何覺斯 任廷贊

石龍村經管基自禾乂基分界起至鎮涌鄉交界止計長三百八十七丈內華光廟前卸陷六十五丈餘俱卑薄

今築復加高培厚共用工費銀三百九十五兩一錢八分九厘

業户經理首事何愛鏞

鎮涌鄉經管基自石龍村分界起至河清交界止計長三百四十五丈內文閣廟前卸陷三十八丈餘俱卑薄

今築復加高培厚共用工費銀三百二十兩
零五錢五分一厘續于竇口等處砌
石用銀一百六十五兩六錢七分六
厘
另扣留本堡尾欠派分各段雜項用銀
二十兩
業戸經理首事扶奕蕃　馮職方

河清堡　派修首事劉宗望　徐芳桂

潘永思戸經管基自鎮涌分界起至潘隆興基
交界止計長五百一十丈內浮鬆滲
漏三十一丈一尺餘俱卑薄

今滲漏用灰舂實餘俱加高培厚共用工費
銀六百二十二兩五錢四分八厘
業戸經理首事 潘文業 潘仁遠 潘純遠 潘鴻典
潘隆興戸經管基計長六十二丈七尺俱卑薄
今加高培厚共用工費銀九十二兩零七分
七厘
又自花社起至九江分界止計長四百七十三
丈另外圍自天后廟起至舍人廟止
計長三百七十七丈五尺內卸陷滲
漏六十三丈五尺餘俱卑薄
今築復卸陷滲漏用灰舂實餘俱加高培厚

共用工費銀七百八十八兩六錢零
七厘
石工銀九十七兩三錢七分六厘
業戶經理首事　潘賢盛　潘何魁
九江堡　派修首事　程光可　潘直典
九江經管基自河清鄉分界起至金順侯門樓
止計長六百四十七丈五尺內卸陷
三十丈險要一百一十五丈五尺餘
俱卑薄
今築復舂灰加高培厚共用工費銀五百零
二兩零一分五厘

業戸經理首事 黃鶴年 關恒五 關寧邦 黃搴階

又自金順侯門樓起至長爲令止計長一百七十九丈內郤陷七十丈零三尺仁和里決口一十四丈五尺餘俱卑薄

今築復舂灰加高培厚共用工費銀一千五百六十四兩六錢三分八厘

業戸經理首事 關戴光 關輝璧 關杰魁 關獻聲 關隆顯 關履光

又自長爲令門樓起至螺山脚止計長五百丈零二尺內清溪社決口長一十六丈渡頭橋決口長一十二丈郤陷一十

四丈餘俱卑薄

今築復加高培厚共用工費銀一千零三十兩零九錢五分二厘

業戸經理首事 曾佩祥 關景昌 朱始林 關潤斯 張裕祥 劉宗堃

又自螺山脚起至三角田與順德甘竹分界止計長一千五百七十九丈內單竹坡決口長二十六丈甲子基冲決一十丈零三尺卸陷五十六丈五尺餘俱卑薄

今築復春灰加高培厚共用工費銀五百七

十五两一錢九分四厘

又外圍上自西方洛口牛路起至東方蒲排角

止計長一千六百一十八丈四尺又

蚌山羊趾圍基長五十三丈二尺共

長一千六百七十一丈六尺內冲決

四十七丈七尺卸陷八十八丈九尺

餘俱卑薄

今築復春灰加高培厚共用工費銀五百七

十八两九錢八分四厘

另將該堡內基身險要受冲處所落石培護

自西方壩頭起至三帝廟前止受冲處長一百

二十三丈已落石銀三百六十九兩零七分五厘又自三帝廟前起至蠶姑廟前止長三百二十八丈六尺已落石銀一百五十二兩三錢八分又自蠶姑廟前起至長樂里關帝廟前止受冲處長一百六十一丈已落石銀二百七十六兩五錢二分七厘共落石銀七百九十七兩九錢八分二厘因該各處最爲險患倘須築壩續落石共用銀一千三百零七兩七錢九分七厘培護穩固

另支礁項銀四百四十二兩四錢三分八厘
業戶經理首事關潔之關履光劉宗望
關恒五徐芳桂

甘竹堡
自九江交界起至甘竹灘止計長二百六十丈
基身卑薄
今加高培厚共用工費銀三百六十八兩八
錢七分　厘
該堡經理首事

北邊仙萊基
自仙萊鄉廟後岡鄉起至吉贊五顯廟止計長
一百五十二丈內卸陷一十一丈七

尺餘俱卑薄
今築復加高培厚共用工費銀二百五十六
兩八錢
派修首事 譚如軾 麥修達

北邊通圍横基
自吉贊岡脚起至東邊杜滘基頭止計長三百
一十八丈最爲上流當冲險要
今基身兩傍用灰舂實餘俱加高培厚共用
工費銀三千四百六十兩零八錢一
分九厘
又建復洪聖廟工料銀七十九兩六錢零五

釐
又奠土建醮共用銀七十三兩七錢三分八
釐
派修首事　譚如軾　麥修達　督辦
東邊雲津百滘二堡基
派修首事　李冠賢　陳永觀
自杜滘與横基頭分界起至簡村分界止計長
一千一百九十三丈内冲陷漫溢决
口十五處共長一百零四丈七尺其
餘卸陷卑薄
今築復加高培厚打樁舂灰及築小石壩二

道共用工費銀二千零一十二兩六錢三分四厘又自庄邊以下至程廍新渡頭基約長一百二十餘丈又藻尾天后廟潘日佳基長五十丈基脚被水冲割壁立傾欹需石防護續落石共用銀六百九十九兩四錢一分六厘培護結實

另扣留本堡尾欠落石支用共銀三百六十五兩三錢九分四厘

業戸經理首事 程綸芳 陳暟生 潘觀朝 吳作錦

簡村堡 派修首事 張端宏 梁公輿

自雲津堡吳聰戸基分界起至西樵山脚止計
長五百六十五丈五尺內吉水賔文
閣碑亭下冲陷决口濶二丈深八尺
餘俱卑薄
今築復落石打椿舂灰并塡塞水圳餘俱加
高培厚共用工費銀一千七百二十
六兩零一分
另扣留本堡尾欠雜項支用銀二百一
十七兩七錢三分一厘
業戸經理首事陳俞徵　麥綱儒
先章嗣　梁楚元
龍津堡經管基　派修首事　陳俞徵　麥綱儒

自江浦司前岡邊起至五鄉舊基止新築堤基
一百六十丈共用工費銀四百一十
四兩五錢一分八厘
又自五鄉舊基起至黃旗路沙頭交界止計長
四百六十三丈今築高培厚係五鄉
業戶自行修築以工代費
沙頭堡經管基派修首事　李拜祥　關履光
自龍津分界黃旂路起至梅屋閘門止計長七
百一十九丈九尺內決口四處長一
十九丈餘俱卑薄
又自梅屋閘門起至村尾拱陽門止計長五百

零一丈俱卑薄又自拱陽門起至順
德龍江分界止連圍築新基長六百
六十五丈內決口三處其大決口買
業圍築長一百一十二丈餘俱卑薄
今俱築復加高培厚及打樁落石共用工費
銀六千一百七十二兩七錢二分五
厘
另將該堡內基身險要受冲處所落石共用銀
九百九十九兩六錢培護結實
業戶經理首事 崔宗蕃 崔德孚
黃時望 李雲沾
盧純熙 張玠

龍江堡經管基

自沙頭交界起至河澎尾止計長四百八十五

丈基身卑薄

今培築高厚共用工費銀一千二百四十三

兩八錢一分

該堡經理首事

大桐堡經管

水閘一座圍水多由此閘宣洩向用閘板潮水

湧漲防範不周外水湧入每傷禾稼

今遵　稿贊府示諭撥項修葺改用

閘門啓閉稱便計用工料銀一百二

十兩另扣留木堡尾欠雜用銀二十
兩零伍錢六分九厘
業戶經理首事

收支總畧

列憲共倡捐銀七百七十四兩七錢五分

本邑各堡前後共認捐銀三萬八千一百零一兩六錢三分九厘

本邑當押鹽埠義士共襄捐銀四千六百九十兩零五錢三分

順邑各堡共襄捐銀一萬六千三百九十兩零五錢七分五厘

賣出牛隻各物共銀四百五十九兩七錢一分七厘

通共計收銀六萬零四百一十七兩二錢一分

一厘

發兩邑各堡脩築土石各工共支銀五萬三千五
百零五兩五錢四分四厘

撥支廟工不敷銀二千三百八十一兩零七分

神廟落成奠土建醮　列憲按臨拈香履勘全隄所
有唱戲酒席犒賞船隻夫馬一切雜費共支銀一
千零五十九兩九錢九分六厘

滿月唱戲祭　神除簽題外撥支不敷銀二十七
兩一錢零五厘

元年二月初次　神誕并在白骨墳建醮唱戲共
撥支銀一百零九兩三錢九分一厘

元年十月全工告竣闔圍紳士赴局酬　恩備筵
酬謝在事出力人員除　稽贊府發還席銀外
共撥用銀四百一十四兩九錢四分三厘
兩年局內雇倩跑差水火夫暨大厰雇用職事共
支工銀一百六十八兩八錢三分七厘
兩年局內在事人員以及各衙門一切差役號房
因公來局辦事共支飯食銀九百三十七兩七
錢零七厘
兩年內應酬雜費共支銀一千八百四十兩
九分一厘
通共計支銀六萬零四百四十四兩六錢八分

四厘

內溢平七十八兩九錢五分五厘

尚存銀五十一兩四錢八分二厘存當年值事

支用

總局公誌

南海縣正堂李　諭桑園圍總局首事李昌耀等知悉案奉

廣州府正堂朱　牌行嘉慶元年十月二十二日奉

布政使司陳　憲牌據南海縣申稱嘉慶元年八月二十五日奉本府轉奉憲臺諭開據吏南科書辦梁玉成禀爲全工指日完竣附請獎賞以示鼓勵事竊辦本籍脩築桑園全圍土石各工先後共泒捐銀五萬九千六百餘兩前此本邑李縣主與順邑温内翰等公推總理首事七人在局董率經理復於本邑各堡内舉出勸捐首事數人僉捐足

額陸續收銀交局以應鉅工上年七月大工告竣經李縣主稟蒙憲恩于總局首事李昌耀余殿采梁廷光關秀峰何瓛洲五人給與扁額示奬其協辦局務泒委東西兩岸督築大小鈌口及吉贊橫基之李冠賢譚東元張聘君麥脩達李式豪五人亦蒙本府製扁奬賞其餘十一堡首事亦經李縣主按名給扁以勵賢勞至續添辦石工本邑各堡復懇添泒勸捐首事數人經理茲各堡續僉銀兩早經完繳隨將各叚工程培護結實另行由縣查明奬賞外惟兩龍甘竹三鄉前推首事二人迫後未經到局辦事是以上年未及稟請奬賞茲三堡

前後襄捐土石各工銀兩均已全數清繳洵屬踴
躍急公可否仰懇憲恩於兩龍甘竹三堡每堡給
予扁額懸於該堡公所庶三堡紳民得以共沐恩
光足徵好善樂施之慶至若在局辦事三載以來
常川公所實心實力任勞任怨始終不倦者則係
署九江主簿事鹿步司巡檢稽會嘉本縣奉委在
工之內司林雲朝總局首事監生李昌燿協理局
務職員李冠賢四人之功居多此外尚有一府兩
縣工房典吏及九江江浦兩攢典暨在局掌理數
目書記登號絲毫不亂之李荷君等三載以來屢
奉大人暨本府本縣疊頒曲諭抄寫傳宣敬謹將

事每於喫緊之際夜以繼日且能仰體憲懷潔已
奉公勤勞不倦均各出自至誠玆本邑各紳擬於
月內將工程完竣後在于
河神廟唱戲酧
恩並請兩龍甘竹紳士到局分別備情公同酧謝
以答勤勞并將修築各段工程支銷數目開列貼
堂務使闔衆共悉一目了然次將大人發給扁額
擇吉送赴兩龍甘竹三鄉公所懸掛以暢輿情所
有扁額囑辦稟懇撥給賜予爵銜恭候帶回至一
切典禮應用銀兩卽在於先登堡陳軍涌歸廟沙
坦租銀項內動支無庸派捐合并稟明是否有當

統候鑒核示遵等由到司據此當批兩龍甘竹三
堡准給扁獎勵餘飭府分别奬賞可也備札到府
仰縣立即查明在事出力人員及書吏攢典分别
獎賞揭示公所以勵賢勞等因到縣奉此遵即分
别移行賞擬去後兹准署九江主簿兼署江浦司巡
檢稽會嘉覆稱遵奉幸同總局首事秉公酌議除
李昌耀李冠賢已蒙給扁賞勵毋庸再議外查府
憲與兩縣工房于屢奉各憲叠頒曲諭均能抄寫
傳宣敬謹將事堂臺林内司林雲朝實心實力潔
已奉公擬請各賞袍褂一套九江江浦攢典均係
屬内子民田舍廬墓皆賴安享分應急公但旣蒙

札行獎賞擬請各給袍料一件其在局辦理支收賬目勤慎不倦之李荷君并各堡新泒首事無不踴躍急公應請分給扁額以示榮寵而慰勤勞等由到縣准此伏查卑職屬內桑園圍基綿長一萬二千餘丈實爲通縣圍基最大之區乾隆五十九年間被潦溢決基口數處荷蒙憲臺捐廉倡令該圍各堡紳民踴躍僉捐工費以襄厥事現在全圍土石各工均已告竣奉諭查議獎賞此誠逾格優恤之慈懷茲准議覆前由是否允協理合申請察核等由到司據此查核所議分別獎賞甚屬妥協據議前由備牌行府仰縣速即轉飭遵照分別獎

賞毋違等因奉此除移順德縣轉飭知照外合諭
遵照諭到該首事等卽便傳諭在事出力人員届
期赴局祇領獎賞毋違特諭

嘉慶元年十月　　日諭

廣州府爲堤工告竣等事據南海縣知縣候補同
知李櫄詳稱查卑縣屬内圍基桑園一圍實爲最
大之區乾隆五十九年西潦冲決荷蒙
藩憲捐廉倡修本圍各堡紳民亦各感激
憲恩踴躍捐助惟因工程浩大復奉
憲行諭令附近該圍之順邑龍江龍山甘竹三鄉
不分畛域一體義助帮修兹查土石各工雖已告
竣可保無虞第該基隄綿長九千餘丈誠恐一處
防護不周即爲通圍之害自應擬立章程以垂永
久遵即移行九江主簿會同總理首事傳集十一
堡紳耆公同妥議明立章程分晰條欵備造清册

移送轉呈去後茲准九江主簿嵇會嘉覆稱遵奉
檄行會同通圍紳耆首事人等詳細確議凡關圍
基利害之處俱已酌議條欵合就列冊移覆等情
卑職逐欵確核似尚周匝如果實力奉行自可垂
示久遠可否俯如所議飭令立石永遠遵守之處
合將各欵備列清冊具文申繳核轉等由到府據
此卑府伏查桑園圍基既據紳耆首事人等公同
酌議所列各欵似屬防護已周應否俯如所請飭
令勒石以垂永久合將繳到條欵冊具文詳候
憲臺察核批示飭遵爲此備由同冊二本具申伏
乞

照詳施行

計抄冊開

一擬歲修工程隣保加結

查各壆歲修工程多有草率從事隣保休

戚相關就近便於查察應請飭令遞年各

堡互相加結報竣禁止濫給胥役結規則

工歸切實自無欺飾之弊

一擬基身毋得添埋棺木

查基坦已埋棺木現奉飭起遷葬但荒壆

纍纍若令刨挖深坑未必即能塡實反與

基身有碍應請飭令於各段荒基用板石

大書官銜禁令不許添埋如違許令附近
居民禀官查究實爲兩便
一擬基圍內外毋得貼近開挖池塘溝渠
查現有之池塘溝渠若令填塞殊有難行
應令冬間將基脚培築高厚將現在之池
塘挨順業戶姓名造册存案俾得有所稽
查不致日久廢弛仍復開挖難以稽察
一擬毋得私建竇穴
查附基業戶乾旱之年貪圖水利往往于
基根偷挖小竇戽水灌田潦漲時失於防
範每多滲漏兹查東西兩圍先登堡有竇

一穴海舟堡二穴鎮涌堡三穴河清堡兩
穴九江堡一穴百滘堡一穴雲津堡二穴
簡村堡一穴龍津堡二穴沙頭堡一穴蓄
洩通圍水勢准其照舊啟閉防守餘外應
請禁示添建
一擬基腳內外讓耕二尺
查基圍內外根腳多爲業戶侵耕以致陡
削應令照舊基培補犂田時再讓二尺即
令各堡按基用石條豎界一律遵行
一擬基上土性肥饒者栽種龍眼荔枝
查龍眼荔枝五六兩月成熟正當發水之

時業戶日夕看守卽可巡查基址但栽種菓樹數年方得收成如防範不嚴牛羊一觸其樹卽枯應令於樹外栽桑固可以防範牛羊并可以先得資利仍不失桑園圍本義

一擬基身兩坦土性稍瘠者所生穛草毋許刈割

查茂草紛披驟雨不能冲刷溝窩其外坦於水漲時更可抵禦風浪

一擬毋得縱放牛羊猪隻侵損基工

查東西兩岸基身舖屋毋畜牛羊猪毋不

自關攔任由成羣引隊縱放於外蹂躪踐
踏最壞基身鄉情難爲禁阻應請用石大
書官銜禁止如違拏究
一擬護基石塊附近居民毋得偷撿應用板石
大書禁令如違查出罰賠枷示
奉
布政使司陳　批
據詳所擬桑園圍防隄各款章程俱
屬妥善仰即轉飭南順兩縣出示曉
諭通圍十四堡一體遵照并擬定簡
明條約大書禁令用長大板石深刻

監于東西兩岸沿河基傍使愚頑共
悉不致日久懈弛繳冊存卷

嘉慶二年二月二十四　日知府朱棟

具呈南海縣屬桑園圍舉人陳東銘關士昂胡珽
馮觀育鄧大觀黃一木羅思瑾程翔關士龍明秉
璋鄧士憲程功培程士偉馮汝楫岑誠李應揚鄭
佐揚關叢韜關國鷹關廷標余天保黃大進副貢
張廣釗歲貢梅克和麥用區先登陳湯鎏曾文錦
生員李定卓潘炳綱張潢李英揆符澤符樞梁德
俊蘇奠安麥逢秋余旋錦李瑶黎蛟梁維綱梁培
元李藹然何京卿任元樞何佩球何佩珩何毓齡
會時雨何起虬潘天佑黃駿余經任元機梁鶴圖
黃奮庸梁松陳鳴盛余清余崇洗天球余鴻陳應
秋老嘉憲余誠余金滙余鴻瀚崔振鰲監生李肇

珠職員何元善梁東華關秀峰余殿采李冠賢譚
東元麥修達李式豪黎奕揚符宣滙陳榮梁公卿
余殿成麥江儒譚舒蘇榮譚震譚方扶奕蕃關潔
芝程光可余國梓李拜祥余有恒任梁任鶯遷何
大發余名鰲何光瀛譚清洲等呈爲基隄鞏固屢
獲豐收藉稻獻新仰荅殊恩事竊照桑園一圍前
經水决疊邀慈慮倡俸完修凡屬血氣之倫並享
休和之福去歲盈寧既奏飽德咸歌今夏捆載滿
郊平疇迭慶兩岐呈瑞恒沾樂利無疆再造帡幪
須念伊誰實賜乃小民方欣夫新穫而
大人忽値乎高遷福蔭所周無遠弗屆歡騰野布

何殊作相溫公喜溢窮簷不異北門裴度念桑園
圍之受恩罔極而涓滴之報効莫伸正思叩閽言
情備歌五福之錫謹以錢鎛所及少酬兩大之休
蓋每飯輙動其謳思斯粒食無忘乎所自汲樵峯
之潔水欲況清操採鋌艾之薌萁聊陳精白惟愿
公侯永保子孫常藉詒謀憲府風高歷世猶欽俎
豆則億萬斯年之下咸頂祝于勿既矣爲此聯伸
謝悃伏異俯鑒施行
陞任巡撫部院陳
批　桑園圍基本部院于藩司任內實力督修
亦由該紳士等踴躍急公始克一力完固

今工竣兩年連獲豐收該紳等具呈獻新
具見誠悃惟望頻年保護永慶盈甯是則
本部院深慰焉

嘉慶二年六月　　　　日呈

捐造南海神廟引

粵東地勢平衍頻罹水患而桑園圍害尤甚比年

來堤之決者非一而能禦災患不致久于昏墊者

僉以爲

神力故歲甲寅李村隄決南順兩邑諸紳士爲闔圍

通修之舉歷半載而工告竣自始事迄終事連月

清晏諸凡役作得黽勉成功固仰藉

列憲勤恤深心而要非

神靈默相不至此甫畢役羣思報荅恭查

南海神位次最貴在北東西三神河伯之上扶胥黃

木赫濯聲靈

聖天子猶歲命禮官修祀事以報其潤澤生民功是所
以成民而致力於
神如此其亟況今之沐
神庥居平土者苟不崇奉之以彰美報其毋乃缺典
不共是懼因卜地李村新堤以創廟宇而答
神貺約計工料奠土需非三千金不克蕆厥事伏念
兩邑多好義士爰設簿勸捐共成集腋俾
神祠輪奐報賽以時將見安瀾永慶使吾人千百世
後奠土宇享豐亨豪樂利之休食昇平之福不可
謂非
神明之賜也不可謂非好善樂施之所致也是爲引

河補廳全圖

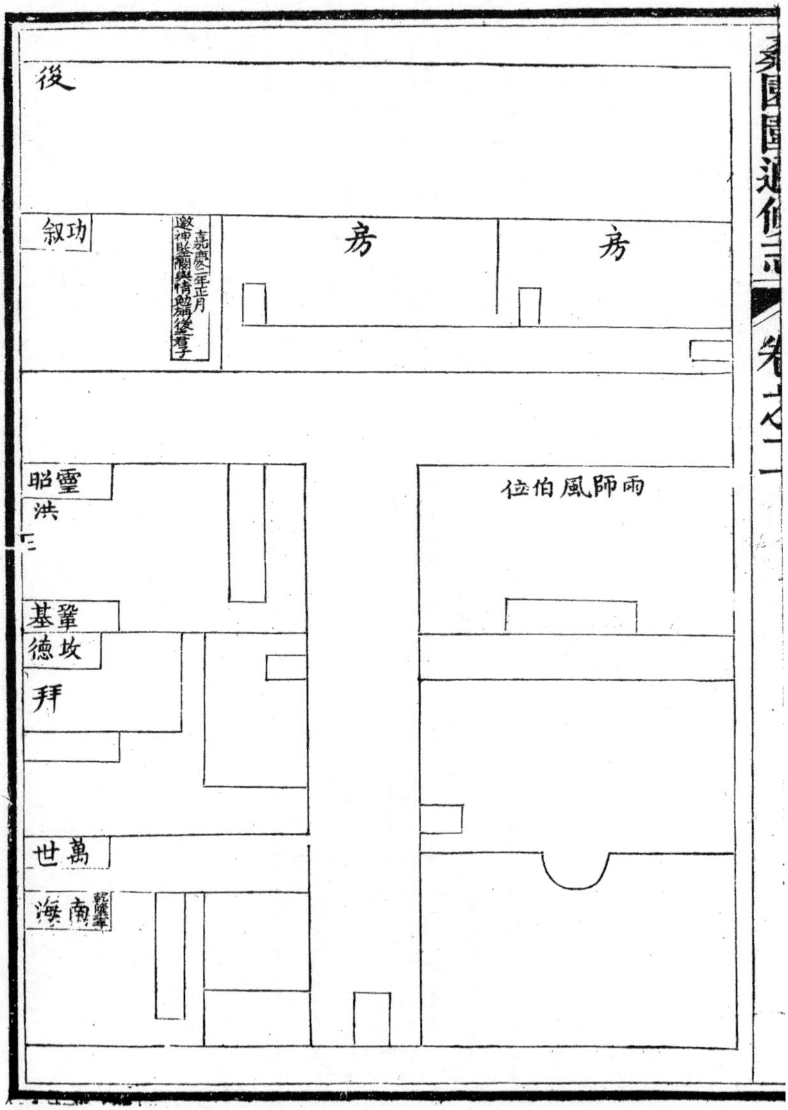
桑園圍通修志 卷之二
後
功敘
嘉慶二十年正月
邀神鑒閲與情勉旃後之君子
房
房
雨師風伯位
靈昭
洪
肇基
攸德
拜
萬世
南海
乾隆年

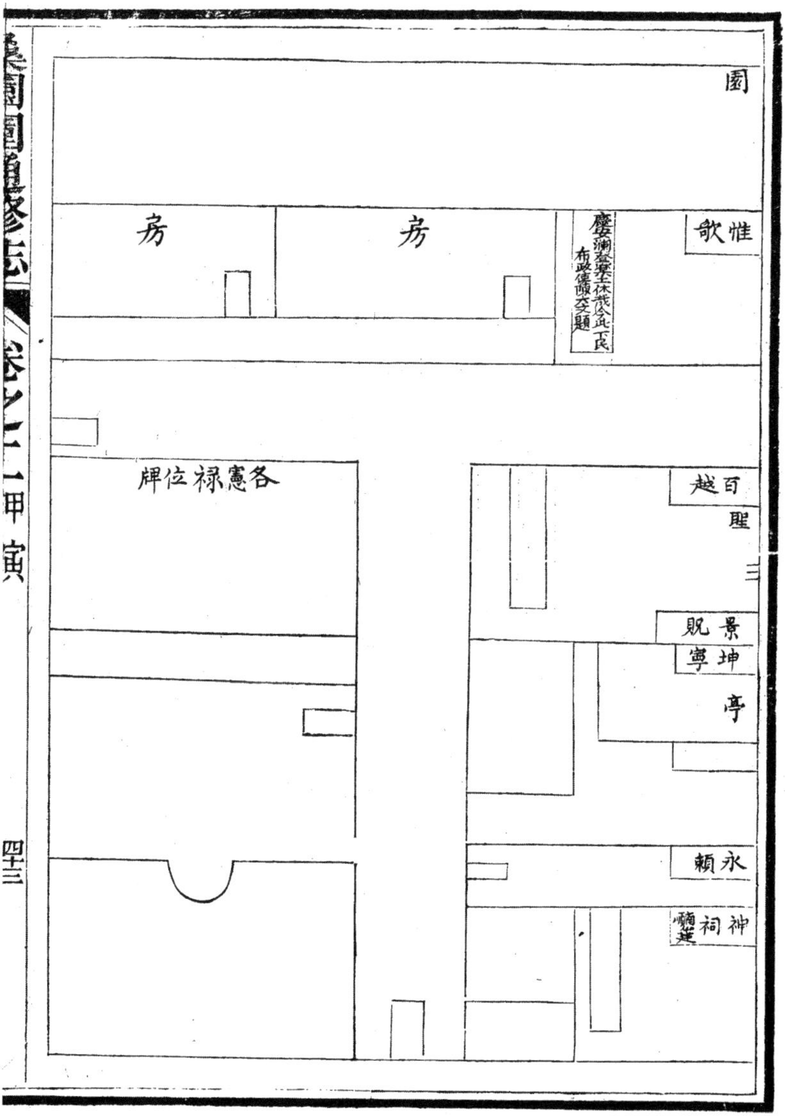
園
惟歆
房
房
慶安瀾泰寧至休戚公氏下民
布政使陳大文題
各憲禄位牌
百越
景貺
坤寧
亭
永賴
神祠

捐建

南海神祠工費開列

南海縣正堂李　捐工費銀壹百員

署九江分縣嵇　捐銀壹拾員

江浦司巡政呂　捐銀壹拾員

金甌堡余殿采捐銀壹百員

金甌堡余殿成捐銀壹百員

省城鹽務綱局捐銀壹百員

九江堡公捐銀捌拾壹兩捌錢

海舟堡李式賢兄弟捐銀壹百員

先登堡區國器戸捐銀肆拾員

金甌堡余有恒捐銀肆拾員

簡村堡陳敬修捐銀肆拾員

樂昌埠省館捐銀肆拾員

海舟堡梁廷光捐銀叁拾員

先登堡蘇志大捐銀貳拾肆員

海舟堡李冠賢捐銀貳拾員

海舟堡李昌耀捐銀貳拾員昌耀名肇珠

海舟堡梁殿昌捐銀貳拾員殿昌名玉成

簡村堡譚東元捐銀貳拾員

簡村堡梁惠綱捐銀貳拾員

簡村堡麥綱儒捐銀貳拾員

鎮涌堡何榕湖捐銀貳拾員榕湖名元善字巘洲
先登堡李大有戶捐銀貳拾員
鎮涌堡陳謙牧堂捐銀壹拾肆兩叁錢伍分
簡村堡冼章嗣捐銀壹拾肆兩叁錢叁分
簡村堡黃以懷捐銀壹拾肆兩叁錢叁分
大桐堡李儼捐銀壹拾肆兩叁錢
海舟堡石應緒捐銀壹拾肆兩貳錢柒分
沙頭堡鄧賢智捐銀壹拾肆兩貳錢
先登堡符宣滙捐銀壹拾兩零零伍分
省城廣和堂捐銀壹拾兩
省城德盛行捐銀玖兩玖錢陸分

省城同文行捐銀捌兩

省城源順行捐銀捌兩

省城廣利行捐銀捌兩

省城義成行捐銀捌兩

省城達成行捐銀捌兩

省城東生行捐銀捌兩

省城怡和行捐銀捌兩

海舟堡黎奕揚捐銀壹拾員

簡村堡麥修達捐銀壹拾員

簡村堡黃純大捐銀壹拾員

先登堡圳口鄉捐銀壹拾員

鎮涌堡何建岳捐銀壹拾員
大桐堡李滄士捐銀柒兩壹錢捌分
省城如順行捐銀柒兩壹錢柒分
鎮涌堡何體純捐銀柒兩壹錢柒分
金甌堡陳建章捐銀柒兩壹錢陸分
沙頭堡鄧昌禮捐銀柒兩壹錢伍分
沙頭堡鄧裔禮捐銀柒兩壹錢伍分
簡村堡陳秉朝捐銀柒兩壹錢伍分
雲津堡程賢章捐銀柒兩壹錢肆分
省城洋行辛池官捐銀柒兩壹錢叁分
先登堡李宣培捐銀柒兩壹錢壹分

簡村堡陳俞徵捐銀柒兩壹錢

鎮涌堡扶奕藩捐銀柒兩零伍分

廣府聲司房梁惠人捐銀柒兩零肆分

海舟堡李阜君捐銀捌員

海舟堡李保君捐銀捌員

簡村堡張文瀚捐銀捌員

廣府戶司房黃榮光捐銀柒員

金甌堡岑廣章捐銀伍兩

海舟堡李近中捐銀陸員

海舟堡李時章捐銀陸員

海舟堡譚舒遥捐銀陸員

金甌堡余和賓捐銀肆両貳錢捌分
金甌堡陳永觀捐銀肆両貳錢捌分
先登堡蘇宗光捐銀伍員
省城外洋通事謝鰲捐銀伍員
省城中和堂捐銀伍員
省城林鉉鍾捐銀伍員
布政司前長義銀號捐銀伍員
海舟堡李毓賢捐銀伍員
海舟堡李昌蕃捐銀伍員
海舟堡梁毓廷捐銀叁両伍錢捌分
海舟梁鰲之捐銀叁両伍錢陸分

海舟堡李啓元捐銀叁兩伍錢陸分
先登堡李名遠捐銀叁兩伍錢陸分
鎮涌堡何緯祥捐銀叁兩伍錢叁分伍厘
金甌堡余用爵捐銀叁兩伍錢叁分伍厘
省城保滋堂捐銀叁員
省城松茂堂捐銀叁員
鎮涌堡任蔭槐捐銀叁員
鎮涌堡關耀常捐銀貳兩壹錢叁分
省城岐生堂捐銀貳員
省城麥毓堂捐銀貳員
省城黃鶴居捐銀貳員

譚慎友堂捐銀貳員

緝熙堂捐銀貳員

梁潤成捐銀貳員

海舟堡李昌恒捐銀貳員

簡村堡潘彰周捐銀貳員

海舟堡李著君捐銀貳員

海舟堡梁景岳捐銀貳員

省城杜遠澤捐銀貳員

省城集蘭堂捐銀壹兩肆錢叁分

鎮涌堡何遇賓捐銀壹兩肆錢貳分

黎岐堂捐銀壹員半

海舟堡梁允功捐銀壹兩

簡村堡張廷昭捐銀壹兩

海舟堡譚正亭捐銀壹員

省城麥敬光捐銀壹員

李村梁稅祐戶捐銀壹員

省城元興店捐銀壹員

海舟堡李恒合捐銀壹員

海舟堡李恒新捐銀壹員

鎮涌堡任國韜捐銀壹員

省城陳俊英捐銀叁錢伍分

通共除欠平實收銀壹千壹百捌拾陸兩伍錢柒

分
一支方南紀先生擇地諏吉送酬金銀肆兩柒錢伍分陸厘
一支塡塞南湖廟地共用銀肆百玖拾玖兩肆錢捌分伍厘
一支青磚銀玖百零陸兩陸錢叁分伍厘
一支瓦料鰲魚磚窓共銀壹百叁拾柒兩柒錢叁分壹厘
一支木料共銀伍百壹拾伍兩貳錢貳分伍厘
一支石料共銀陸百貳拾玖兩伍錢捌分伍厘
一支灰烟釘料共銀壹百玖拾叁兩叁錢伍分

玖厘

一支磚匠工銀壹百貳拾柒兩伍錢陸分

一支木匠工銀玖拾伍兩壹錢陸分

一支石匠工銀肆拾柒兩伍錢貳分

一支油漆金薄共銀叁拾貳兩陸錢零柒厘

一支篷廠銀玖拾柒兩叁錢伍分捌厘

一塑神像并置神樓案槕香案鐘鼓匾額以
及廟中所用一切共計用銀貳百捌拾兩零
陸錢伍分玖厘

通共用銀叁千伍百陸拾柒兩陸錢肆分除簽外不敷支
銀貳千叁百捌拾壹兩零
柒分係在基務銀兩撥支

總局公啓

河神廟兆基圖

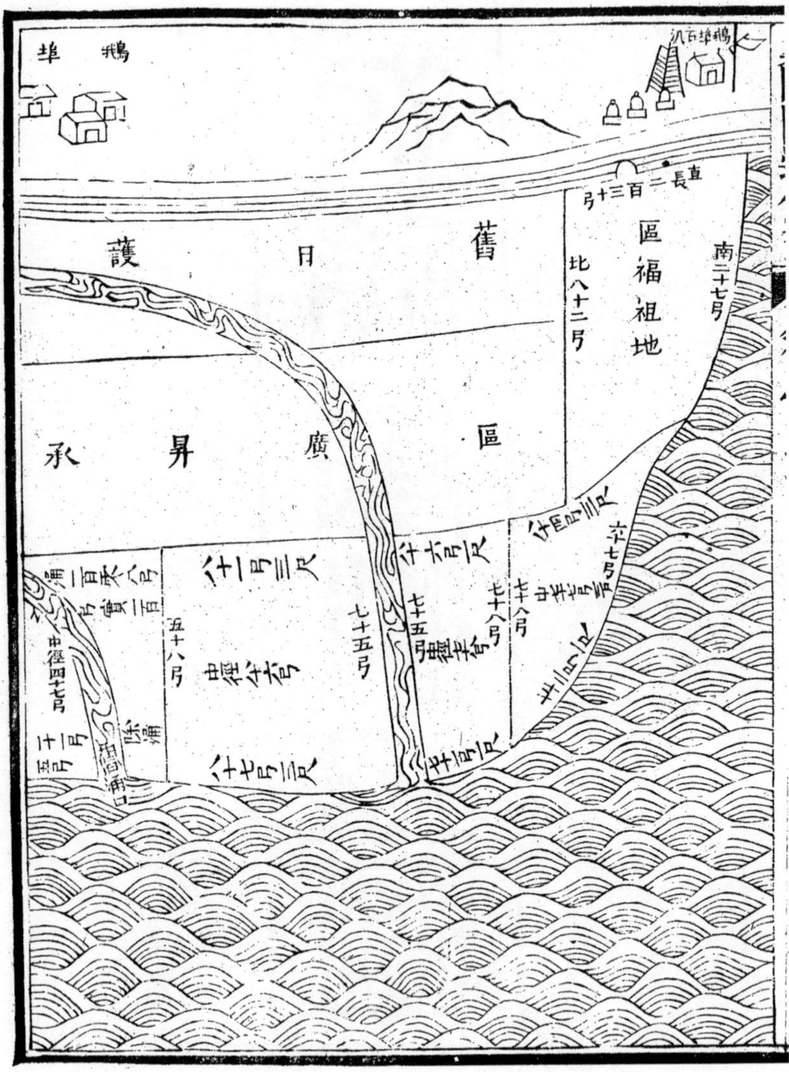

鵝埠
鵝埠石汎
直長二百三十弓
舊日護
區福祖地
南二十七弓
北八十二弓
區廣昇承
七十五弓
五十八弓
七十八弓
中徑四十七弓

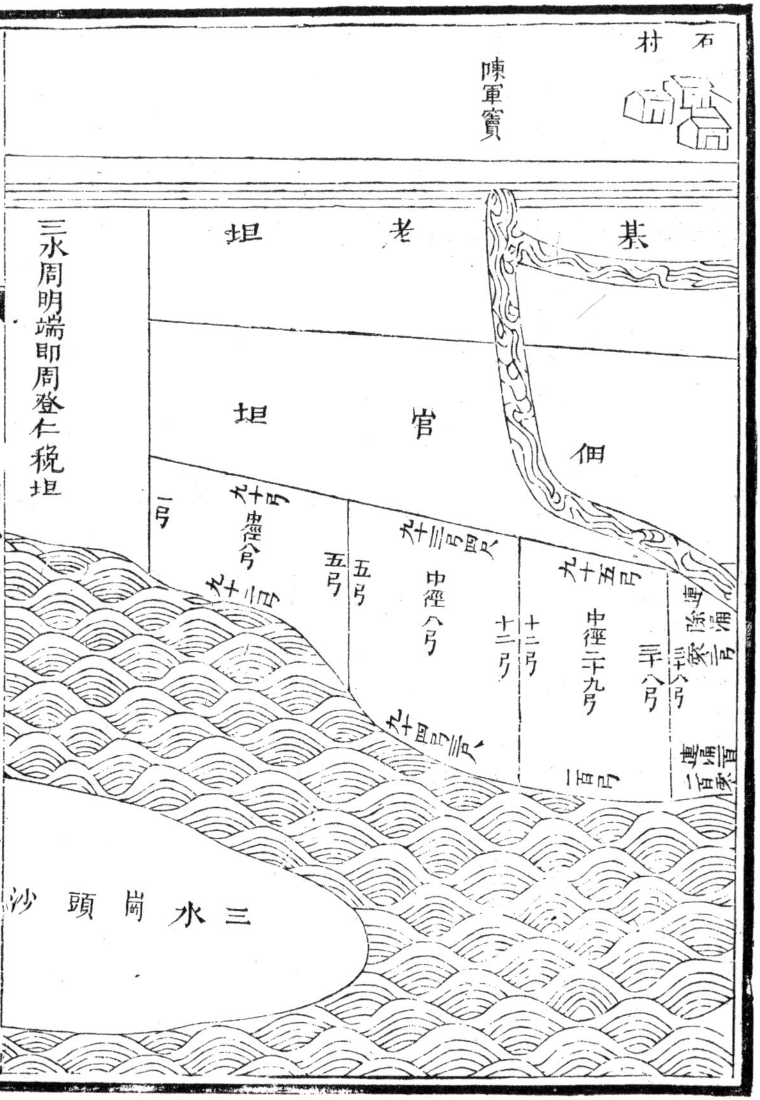
石村
陳軍賓
基
老坦
官坦
佃
三水周明端即周登仁稅坦
一弓
九十三弓四尺
五弓
五弓
中徑八弓
十二弓
十二弓
九十五弓
一百弓
三水崗頭沙

桑園圍遞修志　卷之二

布政使司陳　爲報明官荒懇撥祀典以杜爭端
以資公用事嘉慶元年九月二十六日奉
巡撫廣東部院朱　批本司呈詳嘉慶元年九月
初五日據南海縣申稱嘉慶元年正月二十六日
據桑園圍紳士舉人黃世顯歲貢區先登生員李
定卓符澤蘇奠安業戶梁俊江李著鴻李璧東等
稱切照桑園一圍前被潦水冲决荷蒙各憲軫念
民依捐廉倡築兩邑紳民共捐銀五萬兩合力大
修全圍藉固事竣蒙藩憲諭令于李村新基外建
立南海神祠爲全圍保障落成後復蒙各憲親詣
行香題留頌禱聲靈遠播不特全隄藉庇卽南順

兩邑上下村庄往來籌議隄防事宜亦得有托足
駐宿之地洵爲千古不可易之香烟但目下堂垣
雖已聿新而將來修葺以及遞年春秋祀典司祝
傳事公需尚有未備自應預籌經久方足以仰副
各憲建設深恩茲查先登堡鶏埠石村基外陳軍
涌生有沙坦九十餘畝久經業戶區廣昇當官承
佃其自區廣昇地界之西北自陳軍涌三水鳳起
鄉周明端地界起南至先登堡茅岡鄉區福祖地
界止計長三百六十餘丈極西至河邊約稅將及
百畝前于乾隆四十年擬抵九江堡關敦厚虛租
隨奉

前督憲李　批行不准承陞恐其圈築有碍河道
任由冲刷迨後附近貧民貪圖美利私種雜糧因
係無主之業此種彼收致釀人命嗣經先登堡各
鄉嚴禁不許私耕此後變爲牧牛草地然遞年潦
水淤積沃土日漸高寬現成膏腴之業可以種植
桑麻豆麥等類較之上下接連地段每畝可批租
銀一兩有奇與其任由拋荒日後豪强覇耕滋事
附近村民有公庭牽累之慮孰若撥歸神廟爲春
秋祀典固可以杜各鄉貧民覇耕滋訟之端而于
全圍香火公需似亦不無小補爲此聯呈叩懇仁
恩查案核明委員勘丈詳請撥入神廟遞年按堡

收租辦理祀典公用實爲德便等情到縣據此卷
查乾隆六十年十二月二十三日奉憲臺札開據
本司書辦梁玉成稟前事等情到司當經札飭南
海縣親往逐一查勘去後茲據申稱卑職遵即卷
查并查額征全書附載䕶稅絶軍王翰仁馬寛等
各業應征官租銀三十七兩五錢七分六厘前因
各業冲缺查將九江洛口沙撥給佃戸關敦厚等
抵耕嗣洛口沙復經冲缺關敦厚等將陳軍涌口
新沙撥抵奉委順德縣勘明詳奉
前督憲李　因恐有碍水道未奉准行嗣據楊彤
蕚吴樂天鄭思誠等承佃各沙共收租銀七兩一

錢四分一厘撥抵王翰仁等虛租外尚存虛租銀
三十兩零三錢三分五厘遞年官爲捐解在案隨
將卷宗移送九江主簿查勘去後玆准覆稱查明
各卷傳集紳耆沙鄰人等吊核原承稅照齊赴該
沙勘得形分七段委係水生淤坦係屬無主官荒
土厚而肥悉與鄰田相等並無妨碍水道鄰田廬
墓以及隱佔重承情事不用圍築即可開耕當即
訊取沙鄰各供摽明界址丈得該沙實稅一頃一
十三畝五分零二毫六絲七忽繪圖取結造具弓
册移送前來卑職覆查無異并經飭據紳耆總局
首事人等議稱該沙一頃一十三畝五分零二毫

六絲五忽每畝約收租銀一兩五錢有奇每歲可
共收銀一百七十餘兩除請撥抵絕軍王斡仁等
虛租銀三十兩零三錢三分五厘外計剩租銀一
百三十餘兩以之供辦
神廟春秋二祭約共支銀四十兩歲修
神廟支銀二十兩司祝供食支銀二十兩香燈支銀
二十兩外尚仍剩銀三十餘兩儘足以資經理租
項首事紙筆薪工并議公事茶水等費其經理租
項首事每三年公舉殷實公正二人交接承當通
圍共十一堡離廟遠近不一按各遠近配搭輪值
以來歲嘉慶二年爲始首以海舟金甌大桐簡村

四堡公舉二人經理三年次以先登百滘雲津三
堡公舉二人經理三年又次以鎭涌河清九江沙
頭四堡公舉二人經理三年收支各數均令逐一
登明三年期滿交代下手接交時將各賬目公同
逐一算明毋任私毫遺漏侵隱循環稽察自可經
久無患公私各有所裨等情前來卑職確加查核
似屬妥協傳集面詢亦與禀詞無異伏查該沙係
屬水生無主官荒並無妨碍水道鄰田廬墓以及
隱佔重承情事與其抛荒日久豪強覇耕滋事誠
不若歸入
河神廟內批佃收租供辦祀典以及歲修各費且據紳

者所議經理租項之處亦極公妥詳明實可經久
無弊應請俯順輿情悉如所請准將該沙歸入
河神廟內批佃收租以資各費倘蒙允准即令將界用
石豎明聽該紳耆等自行召佃承耕并令勒石以
垂久遠至該沙稅現奉停墾應請免其陞科將來
奉行墾陞再行酌議具詳分別辦理理合詳候察
核示遵等由到司據此該本司查看得南海縣屬
桑園圍總局紳耆黃世顯等請將先登堡鵝埠村
前基外土名陳軍涌口水生沙坦撥歸
河神新廟內批佃收租以供祀典及各費用一案緣桑
園圍基工竣復在該基身建立

河神廟宇保護全圍紳耆黃世顯等因無祀典以及歲修香燈費用闔圍酌議請將陳軍涌沙坦一段撥歸
河神廟內批佃收租以資春秋祀典及歲修費用等情當經札飭南海縣親往該處沙坦逐細勘明有無妨碍水道鄰田廬墓以及隱佔重承情事刻日確查妥議詳覆去後兹據南海縣申稱該沙係屬水生無主官荒並無妨碍水道鄰田廬墓以及隱佔重承情事與其拋荒日久豪強覇耕滋事誠不若歸入
河神廟內批佃收租供辦祀典以及歲修各費且據紳

者所議經理租項之處亦極公妥詳明實可經久
無弊應請俯順輿情悉如所請准將該沙歸入
河神廟內批佃收租以資各費倘蒙允准卽令將界石
竪明聽各紳耆等自行召佃承耕并令勒石以垂
永久至該沙稅現奉停墾應請免其陞科將來奉
行墾陞再行酌議具詳等因前來本司伏查陳軍
涌沙坦既據南海縣查明委係無主官荒亦無妨
碍水道鄰田廬墓以及隱佔重承情事且各紳耆
所議經理租項甚屬公平應如該縣所請准予擬
歸
河神廟內批佃收租以資各費候奉批回飭令南海縣

將各界用石豎明聽該紳耆等自行召佃承耕并
令勒石以垂久遠至該沙稅現在停墾應請免其
陞科將來奉行墾陞再行酌議另詳緣由奉批如
詳飭遵辦理仍俟將來墾陞時酌議具詳核辦並
候
督部堂衙門批示繳圖冊存等因奉此又奉
兵部尚書總督兩廣部堂朱　批仰候
撫部院衙門批示飭遵具報繳圖冊存等因奉此
除呈報
督憲衙門及行廣州府轉飭遵照外合就出示爲
此示諭該圍紳耆人等遵照立將該沙用石豎明

界栊查照議定章程遞年自行召佃收租除解抵
絕軍王翰仁等虛租銀三十兩零三錢三分五厘
外遞年辦理春秋祀典等項公用勒石
河神廟內以垂永久如將來奉行墾陞再行具呈請辦
毋違特示

嘉慶元年十月　初四日示

具呈南海縣屬桑園圍舉人陳東銘關士昂胡珽
馮觀育鄧大觀黄一木羅思瑾程翔關士龍明秉
璋鄧士憲程功培程士偉馮汝楫岑誠李應揚鄭
佐揚關叢韜關國鷹關廷標余天保黄大進副貢
張廣釗歲貢梅克和麥用區先登陳湯鎣曾文錦
生員李定卓潘炳綱張濆李英掞符澤符樞梁德
俊蘇萸安麥逢秋余旋錦李瑤黎蛟梁維綱梁培
元李藹然何京卿任元樞何佩珩何毓齡曾時雨
何起虬潘天祐黄駿余經任元機梁鶴圖黄奮庸
梁松陳鳴盛余清余崇洗天球余鴻陳應秋老嘉
憲余誠余金淮余鴻瀚崔振鰲監生李昌耀職員

何元善梁東華關秀峯余殿采李冠賢譚東元麥
脩達李式豪黎奕揚符宣滙陳榮梁公卿余殿成
麥江儒譚舒蘇榮譚震譚方扶奕蕃關潔芝程光
可余國梓李拜祥余有恒任梁任鶯遷何大發余
名鰲何光瀛譚清洲等呈爲基隄鞏固溝瀆深通
聯叩鴻慈奬勵賢員以遂輿情事竊照桑園一圍
地連兩邑堡分十四烟火萬家東西兩隄長亘百
餘里貢賦五千有餘爲廣屬中基圍最大之區每
遇夏潦西北兩江之水滙冲長隄遙遠防護維艱
全賴本管官與民同一乃心提綱挈領認眞堵禦
自無潰決之虞前此乾隆甲寅潦發湍急巡邏不

及連決廿餘處疊廑慈懷調劑保護倡給工資圍
民感悚先後共派捐銀六萬兩委員在工督築高
厚闔圍小民不致失所者莫非鴻恩之下逮也嗣
大功告竣令于堤外建祀　河神題送扁額親臨
履勘焚香致祭永圖保護深仁厚澤莫可名言復
慮圍内涌渠被潦停蓄水道不宜有妨民耕時勞
廑念緣連年雨暘時若未及疏通上年八月後雨
澤稀少雜糧間被旱傷臘月中旬當蒙彭縣主傳
奉憲示令即按址疏復勿使有悮春耕九江嵇主
仰體仁慈沿鄉激勸計不匝月民心向化各自疏
復原位無事差催前雖望雨甚欣而圍民早已得

水灌溉翻犂播種踴躍春耕上抒厪慮是辦理民
瘼之權固得治法復得治人方能成功如此迅速
東等素稔嵇主自到粤由黃鼎調任以來計今五
載前此在工日則沿鄉催收銀兩督築各段險基
夜則會同營員協拿匪黨披星戴月時刻靡寧上
年積勞成病擬欲告歸調理並得以奉侍高堂因
念屬內別處民情尚有遺慮未敢遽爾陳請今經
一載各隄險要者均已培補結實而本圍涌滘亦
已疏濬通深嵇主純孝性成必應亟請歸里誠念
東等桑園一圍地雖兩屬然商民襍處良歹不齊
嵇主到任以來廉明勤慎教化兼施更喜與蘇守

府駐劄非遙文武同心兵役和浹鋤奸去匪獎善
安良咸歌樂只兩屬紳民實有不欲嵇圭遠離此
地者惟是逆情乞留不特有干例禁揆之情理於
心亦覺難安溯查乾隆五十九年奉委各官赴工
督辦基務以來或蒙注績而保薦即陞或念微勞
而另案超拔均各仰邀
恩賚嵇圭以一人之力而獨任其勞辛勤五載未邀恩
錄東等私心忖度實覺向隅伏覩仁憲乃全粵福
星愛民若子用人行政自有權衡用敢忘其冒昧
聯叩殊恩可否俯順輿情將嵇圭奉委修復南順
兩邑沿河圍基及田間水道五載于今始終不倦

萬姓賴安于公事之便附奏
聖恩量加鼓勵併令迎母來任免其告歸庶賢員得遂
公私兼盡之愿而兩屬商民並可永戴鴻恩安居
樂業于鄉衢也愚昧之誠是否有當伏冀俯鑒施
行

督憲吉大人批　據紳民等呈稱巡檢稽會嘉監脩
基圍各工實心經理著有勞績本
部堂亦素悉此人今紳民聯名保
留雖干例禁但粵東基圍民生所
係最關緊要如果得以實心行實
政之人於地方自有裨益姑准所

請本部堂再加確訪綜覈名實量
加奬勵也
撫憲陳大人批
　稔巡檢督辦基務並緝拏匪類頗
　屬認真自應仍令兼署主簿以順
　輿情仰布政使司轉飭照舊供職
　毋萌退志可也
藩憲莊大人批
　稔主簿奉職勤愼現奉
　撫憲批行留任俟飭該員照舊供
　職可也
糧憲吳大人批
　曹好保留官長原不足憑但稔主
　簿署任九江以來盡心民事輿論

翁如三代直道之公於斯可見該
衿等所呈並非挾私妄籲當會
司請
院諭留以孚衆志也

布政使司莊　爲曉諭踴躍簽捐以襄鉅工以濟
民生事嘉慶三年六月二十六日奉
巡撫廣東部院陳　憲諭照得桑園一圍地本窪
居且中藏西樵大山村庄計有數十餘處毎遇下
雨山村地段之水盡注圍內汎濫禾田向藉各鄉
竇穴爲之宣洩近聞西岸先登堡之陳軍竇海舟
堡之李村麥村竇鎭涌堡之南村石龍竇河淸堡
之村尾竇共六處均被塞不通以致圍內禾田亢
暘則灌溉無資霖雨則浸霪爲患宜洩遲延晚稻
毋悞耕種致膏腴等如磽确居民失業室少蓋藏
前據南海縣彭令親往查看基圍禀稱該圍適中

之南村石龍兩竇緊接外河常通潮汐向恃其蓄
洩旱澇無虞延及枕近之田心海舟新村余村江
邊槎潭燕橋南水大桐橫基各鄉並沾利賴人安
耕鑿戶慶盈寧詎自外沙浮淤以來日漸寬廣俱
被壅塞水道不宣以致各鄉禾田難于耕植坐受
其困亟應設法疏復經于道路所過之簡村堡禄
舟鄉有拱橋二座橋檯窄小不能暢達卽倡給工
費銀十兩令其先行改照吉水竇九尺寬式以資
宣洩其南石二竇懇請派委首事董率經理各等
由前來本部院隨訪得石龍鄉有保舉孝廉之職
員何元善及監生曾經邦職員曾宣倫何鳳翔何

學深生員曾時雨殷庶馮鎮宗劉儒光何相高何
朗斯黃始得黃啟章等南村鄉有鄉正何體元職
員任鶯遷任培君生員何貢廷殷庶何堯泰何竹
友等田心鄉有舉人李應揚生員李瑶職員李時
芬李廷敏李荷君李明天等素爲鄉中推重凡義
之所在無不奮勉向前堪膺首事之任所需工費
本部院倡捐銀叁百兩并令藩司府縣各捐銀叁
百兩共銀壹千貳百兩除發給諭帖遵照外合諭
飭遵論到該司官吏立即分飭該管縣府遵照飭
令各首事迅即聯議挑築章程計需工費若干各
鄉簽捐數目共有若干限七月底由縣妥議詳司

覆核詳報以憑示期收銀與工委員前往督辦工竣查明獎賞以勵賢勞事關民瘼毋任飾卸挨延致有貽誤等因奉此查南石兩竇先據南海縣稟報估需挑疏工費銀叁千二百兩除行廣州府轉飭各首事來省請領倡捐銀兩并令先將南石兩鄉按糧加八科銀一千二百兩將竇內水利所經之涌渠橋樑公議章程拆去石橋陂頭架用木橋定以一律寬深使水性通流舟行利便外合就出示爲此示諭該鄉紳耆庶士業戶人等知悉凡有力仗義之家務各踴躍題簽量力捐輸共成美舉則闔圍農田水利旱澇無虞舟行利便永享盈甯

之福本司實有厚望其各凜遵毋違特示

嘉慶三年六月　　二十七日